CLAAS

# Traktoren

## im Einsatz

Bibliografische Information der Deutschen Nationalbibliothek

Die Deutsche Nationalbibliothek verzeichnet diese Publikation in der Deutschen Nationalbibliografie; detaillierte bibliografische Daten sind im Internet über http://dnb.ddb.de abrufbar.



DLG-Verlags-GmbH
Eschborner Landstraße 122
60489 Frankfurt am Main
Telefon (0 69) 2 47 88-0
Telefax (0 69) 2 47 88-484
Internet: www.dlg-verlag.de

Gedruckt auf chlorfrei gebleichtem Papier.

ISBN (13): 978-3-7690-0735-0

Lektorat: Dr. Hasso Bertram, Dexheim
Herstellung: Nina Eichberg, Frankfurt am Main
Printed in EU

Karl-Heinz Brüggmann

# Traktoren

## im Einsatz

K.-H. Brüggmann
III. 2002

# Inhalt



Ottomeyer-Dampfpflug, Moorkultivierung in den 60ern, Aquarell

M·A·N
DIESEL

# Vorwort

„Baujahr“ 1954, aufgewachsen in Glückstadt an der Elbe, umgeben von Landwirtschaft, zwischen Elbe und der Bahnstrecke Hamburg–Westerland, interessierten mich schon früh die Technikbereiche Landtechnik, Eisenbahn und Schifffahrt. Ich hatte damals noch das Glück, die alten Traktoren in Aktion erleben zu dürfen. Obwohl es viele interessante Schlepper-Marken gab, hatte ich auch meine Lieblingstraktoren. Und wen wundert es, an erster Stelle waren es die Lanz-Schlepper mit ihren Glühkopf-Motoren. Allein vom Klang her gab und gibt es nichts Vergleichbares. Schon als Kind nahm ich die mich interessierenden Fahrzeuge mit allen Sinnen wahr. Die Maschinen in all ihren Einzelheiten sehen, hören und riechen, waren für mich prägende Eindrücke.
Mein künstlerisches Talent begann im Alter von 4 Jahren. Zeichnerisch erst auf Eisenbahn und Schifffahrt festgelegt, hatte ich dann bald auch meine ersten Traktoren-Zeichnungen gefertigt. Vereinzelt malte ich auch einige der Fahrzeuge mit Wasserfarben. Während der Schulzeit wurde mein künstlerisches Schaffen als Spielerei angesehen, sowohl zuhause als auch in der Schule, wo im Zeugnis der Eintrag, dass ich zu verspielt sei, der Regel entsprach. So trug es sich 1964 in der vierten Klasse zu, dass ich für das Fach Malen und Zeichnen eine Sechs bekam, weil meine eigenen Vorstellungen nicht denen des Lehrers entsprachen. Der Kontrast dazu war ein Erlebnis zur Glückstädter Matjes-Woche ein Jahr danach, wo ein schulweiter Malwettbewerb stattfand, für den mein Beitrag den zweiten Preis errang.
Die weitere künstlerische Entwicklung gestaltete sich wie eine Fahrt mit der Berg-und-Tal-Bahn. Weil ich mit dem Hauptschulabschluss 1970 keine Möglichkeit hatte, einen künstlerisch-beruflichen Weg einzuschlagen, wählte ich den technischen Beruf des Maschinenschlossers, was ja auch meiner Liebe zu Maschinen sehr nahe stand. Nach der Ausbildung zum Maschinenschlosser fuhr ich ab 1974 als Motorentechniker bei der Bundesmarine und ab 1978 bis 1980 als Ingenieurs-Assistent in der Handelsschifffahrt zur See und kam danach wieder mit der Landwirtschaft in Berührung. Da fuhr ich dann zum ersten Mal mit einem 30-PS-Holder-Allrad-Knicklenker, obwohl ich gar keinen Führerschein hatte. Den bekam ich erst mit 34 Jahren.
Ab 1989 hatte mein Partner mit mir einen Gartenbau-Betrieb in Brokdorf an der Elbe aufgebaut, der leider nur sieben Jahre bestand. Der Betrieb war nur mit gebrauchten Maschinen ausgerüstet, die ich selbst restaurierte und instand setzte. Es waren damals vier Traktoren, unser Flaggschiff, ein IHC 423 mit 40 PS / 29,3 kW, ein Fendt Farmer 2 mit 38 PS / 25 kW, ein Deutz D 15 mit 14 PS / 10,2 kW. Dann noch ein Deutz D 40 S mit 40 PS / 29,3 kW, der aber nur als Hof-Schlepper benutzt wurde, da er bis auf Motor und Getriebe in einem sehr desolaten Zustand war, doch für Frontlader-Arbeiten bestens geeignet. Damals begann ich auch, selbst Modelle im Maßstab 1:87 bis auf die Räder aus Kunststoff-Abfall herzustellen.
Zu der Zeit entstanden die Zeichnungen der Traktoren, die später Gegenstand dieses Buches werden sollten. Da mir bei den Zeichnungen immer eine reale Stimmung eines arbeitenden Traktors fehlte, ging ich dazu über, die Fahrzeuge in Aquarell-Gemälden in stimmungsvollen, lebendigen Situationen, auch im Winter, wiederzugeben. Ich legte Wert darauf, die Bilder bis in alle Einzelheiten selbst durchzugestalten, denn einfach von einem Foto abzumalen, das war für mich uninteressant. Wenn überhaupt, dann war der Hamburger Schiffsmaler Jochen Sachse ein Vorbild für mich. Seit Dezember 2000 schuf ich ganze Bilder-Serien zu den Themen Traktoren, Eisenbahn und Schiffe, in denen ich meinen Höhepunkt in der Malerei erreichte. Mein erstes Traktoren-Aquarellbild war der Nordtrak ST 480.
Ich wünsche nun viel Spaß bei einer Zeitreise durch die Traktoren-Geschichte.

Ihr Karl-Heinz Brüggmann

# Wie alles begann

## Am Anfang stand die Dampfmaschine

Die Dampfmaschine brachte die erste technische Revolution, auch in der Landwirtschaft. In England, dem Mutterland dieser Antriebsmaschinen, kamen seit 1811 Dampfmaschinen auf Rädern zum Einsatz. Diese Lokomobile hatten noch keinen eigenen Antrieb und mussten von Pferden gezogen werden. Mit Flachriemen trieb man so Dreschmaschinen, Buschhacker usw. an. Ab Mitte des 19. Jahrhunderts erschienen die ersten selbst fahrenden Lokomobile, die, ausgerüstet mit entsprechenden Arbeitsgeräten, für die Feldarbeit Verwendung fanden. Ihr Nachteil war das hohe Gesamtgewicht.

1853 entstand ein neues, aber kompliziertes Dampfpflugsystem, bei dem die Antriebsmaschine am Ackerrand einen Windenwagen antrieb. Ein Zweimaschinensystem mit hoher Arbeitsleistung stellte die Firma Fowler 1856 vor. Zwei sich an den Ackerrändern gegenüberstehende Lokomobile zogen über eine unter dem Kessel angebrachte Seiltrommel einen Kipp-Pflug mit einem Stahlseil auf dem Acker hin und her. Dabei rückte die nicht ziehende Maschine immer ein Stück vor.

Das Zweimaschinensystem wurde im Laufe der Zeit von den Herstellern in ihrer Leistung immer weiter gesteigert. In Deutschland setzte derartige Dampf-Giganten das Lohnpflug-Unternehmen Ottomeyer in Steinheim ein. Bei dem Viermaschinensystem zogen immer zwei Lokomobile mit je 300 PS / 220,7 kW im Verbund einen Mammut-Tiefpflug von ca. 5 t Gewicht. Zunächst manuell, dann hydraulisch verstellbar, wurde eine Pflugtiefe von 1,80 Metern erreicht. Die Ottomeyer-Dampfpflug-Gespanne kamen bis 1970 in der Ödland- und Moorkultivierung zum Einsatz.

Ottomeyer-Dampfpflug
bei der Moorkultivierung
im Emsland 1964

STEINHEIM
OTTOMEYER

# Motortragpflug

Ein Vorgänger des Motor-Schleppers war der Motortragpflug. Besonders in Deutschland gab es eine Reihe von Hersteller-Firmen. Der erste Motortragpflug mit 8 PS / 6,2 kW wurde 1908 von der Berliner Firma Robert Stock gebaut.
Bei den Motortragpflügen handelt es sich um einachsige Fahrzeuge mit einem hinteren Stützrad, das der Lenkung diente. Das gesamte Fahrzeuggewicht lag auf der Antriebsachse mit den großen Antriebsrädern, die bei einigen Typen einen Durchmesser von 2 m erreichten. Da das Stützrad kaum belastet war, konnten diese Ackermaschinen leicht gelenkt werden und verfügten über einen sehr geringen Wendekreis, da sie sich fast auf der Stelle drehen konnten.
Damals bekannte deutsche Hersteller waren Akra, DLI, Flander, Hanomag, Komnik, MAN, Pöhl und Stock, in Österreich die Firma Puch. Der Akra 57 PS / 41 kW starke Motortragpflug war mit 9,1 t Gewicht der schwerste. Der Hanomag WD 80 mit 80 PS / 58,6 kW der leistungsstärkste.
Als reine Pflugschlepper konzipiert, wurden sie auch als Schleppfahrzeuge für Ackergeräte mit großer Arbeitsbreite eingesetzt. Der MAN Motortragpflug von 1921 mit seinen fast 2 t Gewicht und einer Leistung von 20 PS / 14,6 kW konnte mit verschiedenen Arbeitsgeräten im Pflugrahmen ausgerüstet werden.
Wegen der hohen Anschaffungskosten wurden diese Fahrzeuge größtenteils von Lohnunternehmen eingesetzt. So kostete der Hanomag WD 80 damals 18.000 RM.
Gegen Ende der 20er Jahre wurde die Produktion dieser doch interessanten Maschinen eingestellt.
Der Puch-Excelsio-Motorpflug von 1919 war schon etwas Besonderes, da er serienmäßig mit einem Faltverdeck ausgestattet war. Er wurde von einem 4 Zylinder-Vergasermotor mit einer Leistung von 40 PS / 29,3 kW angetrieben und wog 4,5 t.

Puch-Excelsio-Motorpflug von 1919

-Excelsio-Motorpflug, Bj.: 1919
4 Takt Vergasermot, 40 PS
4,5 t

# Vom Anfang ...

Ein interessantes Kapitel dürfte wohl die Zeit bis Ende der zwanziger Jahre des vorigen Jahrhunderts sein. Damals gab es ja noch keine Erfahrungswerte, und es wurden viele Versuche gestartet, einen leistungsfähigen Traktor herzustellen. So blieben Misserfolge nicht aus. Andererseits gab es wirklich interessante Konstruktionen wie den Daimler-Pflugschlepper von 1921. Ein 1907 von Deutz gebauter Automobilpflug scheiterte an zu geringer Leistung, ebenso die technisch sehr fortgeschrittene Pfluglokomotive, die in beiden Richtungen arbeiten konnte.
Vieles verschwand nach anfänglicher Hoffnung. Immer wieder führte das Fahrzeuggewicht zu Problemen, da es zu einer Bodenverdichtung führte. Deshalb gab es schon früh verschiedene Zusatzräder, die mit den vorhandenen Rädern verschraubt wurden. Die breitesten Räder waren die Moorräder, die einen Traktor fast wie eine Walze erscheinen ließen und mit denen er eine enorme Breite erreichte. Der Bodendruck des Schleppers wurde so erheblich verringert. Die Firma Heinrich Lanz bot z. B. eine ganze Reihe von unterschiedlichen Rädern an. Um einen Radschlupf zu vermeiden, waren die eisenbereiften Antriebsräder mit einem gegossenen Profil oder mit Spatengreifern ausgerüstet. Das machte man sich auch noch bei der späteren Gummibereifung zu Nutze. Unschlagbar waren die Raupenschlepper. Obwohl sie oft ein hohes Eigengewicht hatten, war der Bodendruck sehr gering, weil er auf die Fläche der Ketten verteilt wurde. Ihre enorme Zugkraft stand einer sehr niedrigen Höchstgeschwindigkeit und dem Verschleiß am Fahrwerk entgegen. Selbst die Firma Büssing stellte 1919 den 5,3 t schweren Raupenschlepper LZM auf der DLG-Messe in Magdeburg vor.
Viele Entwicklungen wurden durch die Weltkriege gestoppt. So gelang der Firma Deutz erst 1929 mit der MTZ-Reihe der Durchbruch auf dem Schleppermarkt. Obwohl schon Ende der 30er Jahre mit einem Allradantrieb experimentiert wurde, brachte MAN erst 1949 seinen ersten Allradschlepper, den AS 325, heraus.

Mit dem Kriegsende stand in Deutschland alles auf Neuanfang. Viele Städte und Industriezweige lagen in Trümmern oder waren schwer angeschlagen.
Die Traktoren-Produktion war zunächst nur sehr eingeschränkt möglich. Es war die Zeit der Improvisationstalente. So entstanden die Gerwi-Stiere von Nordtrak in Hamburg überwiegend aus US-Jeep-Teilen. Das Speditionsgewerbe griff auf Fahrzeuge zurück, die noch vorhanden waren. Der Brennstoffhandel Becker & Harms setzte für die Versorgung der Berliner Bevölkerung den Deutz-„Stahlschlepper“ F 3 M 317 ein. Deutschland war damals in vier alliierte Besatzungszonen aufgeteilt. Aus den neuen Kfz-Kennzeichen (Weiß auf schwarzem Grund) ging die zuständige Besatzungsmacht hervor. Berlin bildete eine Ausnahme. Hier wurde in Schwarz auf weißem Grund die jeweils zuständige Kommandantur angezeigt. Kennzeichen in dieser Form gab es dann auch in der DDR. Straßenzugmaschinen und LKWs führten bei Anhängerbetrieb ein gelbes Dreieck mit schwarzem Rand auf dem Fahrerhaus. Bei Solobetrieb wurde es umgeklappt. Traktoren durften maximal drei Anhänger und LKWs maximal zwei Anhänger mitführen. Traktoren als Straßenzugmaschinen mussten einen Fahrtrichtungsanzeiger (Winker) besitzen. Erst 1957, mit Einführung

high speed
5000 TVL

# ... bis heute

der neuen BRD-Kennzeichen, Schwarz auf weißem Grund, wurden Blinker bei allen Traktoren Pflicht. Die fünfziger Jahre waren die Zeit der „Konfektions-schlepper“, die mit Fremdteilen gebaut wurden. Sogar der Waschmaschinenhersteller Zanker brachte 1949 den 12/15 PS starken Bauern-Schlepper heraus. Viele Unternehmen beteiligten sich am Wettrennen um die Motorisierung in der Landwirtschaft und vielen ging nach kurzer Zeit „die Luft aus“. Die etablierten Firmen wollten einerseits die Kleinbauern gewinnen, andererseits mussten sie den immer höheren Anforderungen in der Landwirtschaft gerecht werden. Für die legendären Bulldogs der Mannheimer Firma Heinrich Lanz kam 1960 durch eine nicht mehr zeitgemäße Philosophie das Aus, nachdem John Deere schon 1956 die Aktienmehrheit übernommen hatte. Die Firma Holder konnte ihre führende Position im Bereich Spezial-Traktoren ausbauen. Für Unternehmen wie Deutz, Fendt, MAN, Schlüter usw. entbrannte bald ein Rennen um Marktanteile bei leistungsstarken Traktoren, die im technischen Aufbau immer wieder verbessert wurden.

In der DDR stellte man sehr bald fest, dass die Leistung der gebauten Traktoren für die Anforderungen zu schwach war. Auch hier setzte man auf Leistungssteigerung.

Durch die immer höheren Leistungsanforderungen, die seitens der Landwirtschaft gestellt wurden, kam es zu einem regelrechten Rennen bei den Herstellern. Die Motoren wurden leistungsfähiger, die Getriebe belastbarer und feinstufiger, die Bedienung des Schleppers wurde bequemer und leichter.
In den achtziger Jahren wurden bei Motoren Turbolader zur Leistungssteigerung verwendet. Ab 1978 erreichte man mit neuen Getrieben eine Höchstgeschwindigkeit von 40 km/h.

Anfang der achtziger Jahre wurden großvolumige Terra-Reifen entwickelt, um den Bodendruck auf Problemböden zu mindern. Ich habe die Reifen nie im Einsatz gesehen. Bei den Standardreifen wurde die Traktion durch die Änderung des Luftdruckes verbessert. 1987 gab es wieder Raupenschlepper. Caterpillar brachte den ersten Raupenschlepper mit Gummibandlaufwerk heraus. Es folgten Claas, Fendt und Case IH. Bei Claas gab es sogar Mähdrescher mit Raupenfahrwerk. Die genannten Hersteller brachten neben anderen auch neue, leistungsstarke Allrad-Traktoren auf den Markt.
Schon einmal 1982 vor dem Aus, wurde nach mehrmaliger Rettung die Produktion der Eicher-Traktoren 2002 für immer eingestellt.

1989 stellte Schlüter seinen stärksten Schlepper, den 5000 TVL, der Öffentlichkeit vor.

John Deere eroberte sich mit neuen Konzepten Marktanteile und ist seit 1992 mit der in Rahmenbauweise gefertigten modernen 6000er- und 7000er-Schlepper-Serie auf dem deutschen Markt vertreten.

# Die Traktoren

**Aquarelle**

# Altmann Tracteur

1894 stellte Adolph Altmann in Berlin seinen noch etwas seltsam anmutenden Tracteur der Öffentlichkeit vor. Fast die gesamte Fahrzeuglänge wurde von dem großvolumigen, liegenden 18-PS-/ 13,2-kW-Petroleummotor eingenommen, der als Langsam-Läufer mit einer Höchstdrehzahl von 200 U/min arbeitete. Gelenkt wurde mit Handhebeln vom weit vorne liegenden Fahrersitz aus, hiermit konnte die Kette des jeweiligen Antriebsrades ausgekuppelt werden. Es war der erste in Deutschland gebaute Traktor, der noch keine Serienproduktion erreichte. Für mich ist er durch den langen Motor mit dem großen Schwungrad ein sehr interessantes Fahrzeug.

Altmann Tracteur bei einer Last-Probefahrt auf dem Werksgelände 1894

A

# Sendling Typ I

1909 stellte die Motorenfabrik in München-Sendling den ersten deutschen, in Serie gebauten Traktor vor. Noch große Ähnlichkeit mit einem Dampfschlepper, besaß er einen großen, 80-PS-/ 58,6-kW-Vierzylinder-Benzol-Motor, der mit einer Drehzahl von 600 U/min dem 5,0 t schweren Schlepper eine größere Kraftreserve verlieh. Der Traktor war für die Arbeit mit einem Neunscharpflug entwickelt worden. Ein echtes Kraftpaket und eine wahrhaft gigantische Erscheinung, leider ist davon keiner erhalten geblieben. Das letzte Exemplar wurde im Bombenhagel des 2. Weltkrieges zerstört.

Der Sendling Typ I unter Volllast im schwierigen Gelände 1910

K.-H. Brüggmann
XII. 2001

# Pöhl-Gelenkpflug

1913 brachten die Pöhl-Werke in Gößnitz neben dem kleinen 30-PS-Dreischar-Gelenkpflug die größere 60-PS-/ 43,9-kW-Sechsschar-Ausführung heraus. Der Gelenkpflug besaß dicht beieinander liegende Vorderräder wie ein Dreiradfahrzeug und hatte eine gefederte Hinterachse. Der Pflug war mit dem Fahrzeugrahmen fest verschraubt und konnte mit Hilfe des Vierzylinder-Motors gehoben werden. Eine Besonderheit des 5,0 t schweren Schleppers war auch, dass mit Herabfallen des Pfluges der Motor angeworfen wurde. Eine aufwändige Technik machte das Fahrzeug nur für wenige Großbetriebe erschwinglich.

Der Pöhl-Gelenkpflug muss 1913 seine Leistungsfähigkeit unter Beweis stellen

K.-H. Brüggmann
I. 2002

# Deutzer Trekker

1919 brachte die Firma Deutz den Deutzer Trekker auf den Markt, der aus einer Artillerie-Zugmaschine des Ersten Weltkriegs entstand. Ausgerüstet mit einem Vierzylinder-Viertaktmotor brachte es der schwere Schlepper auf eine Leistung von 40 PS / 29,3 kW. Beeindruckend war seine Größe mit einer Länge von 4,65 m und einer Höhe von 2,31 m. Hauptsächlich ausgestattet mit einer unter dem Fahrzeug angebrachten Seiltrommel wurde der Schlepper vorwiegend in der Forstwirtschaft eingesetzt. Trotz seiner enormen Zugleistung war dem Schlepper ein Erfolg nicht vergönnt. Interessant ist die Ähnlichkeit mit dem erst viel später entstandenen MB-trac.

Deutzer Trekker bei Holz-Rückearbeiten 1919

DEUTZ
H.H. Brüggmann
© XI. 2002

# Daimler-Pflug-Schlepper

Eine interessante Erscheinung war der Daimler-Pflug-Schlepper von 1921, der in den ehemaligen Altmann-Werken in Berlin-Marienfelde gebaut wurde, wobei die Version mit einem Vierzylinder-Motor von 45 PS / 32,9 kW die leistungsstärkste Variante darstellte. Die Übertragung der Leistung bei einer Drehzahl von 850 U/min fand über ein Wechselgetriebe auf die nebeneinander liegenden Hinterräder statt. Durch diese Radanordnung wirkte der Schlepper mit seinen 3,5 t Gewicht wie ein Dreirad-Fahrzeug und ein Differenzial konnte eingespart werden. Mit drei Vorwärts-Gängen und einem Rückwärts-Gang erreichte der Schlepper bei Prüfungen herausragende Leistungen. Im ersten Gang wurde eine Zugkraft von 2200 kg gemessen.

Daimler-Pflug-Schlepper mit Dreischar-Lenkpflug in Mecklenburg 1921

DAIMLER

# Lanz-Bulldog Typ HL

Bekannt durch die Herstellung von Landmaschinen, nahm ab 1921 die Firma Heinrich Lanz in Mannheim mit dem Bulldog Typ HL den Einstieg in den Motor-Traktorenbau. Ausgerüstet mit einem liegenden Einzylinder-Motor von 12 PS / 8,8 kW, brachte es dieser Schlepper auf ein Gewicht von 1,7 t. Da der Schlepper noch kein Getriebe besaß, musste der Motor bei Fahrtrichtungsänderung umgesteuert werden. Das umschreibt den Vorgang, den Motor im Leerlauf auspendeln zu lassen, um im richtigen Moment wieder Gas zu geben. Da die Verdichtung des Motors mit einem Hubraum von 6,3 l nicht ausreichte, um den Kraftstoff zu zünden, musste der Motor am Glühkopf vor dem Start mit einer Heizlampe vorgeglüht werden.

Lanz-HL-Bulldog mit Steinbrecher 1926

LANZ
Huber & Sohn
Lohnbetrieb
K.-H. Bruggmann
X. 2003

# Lanz-Felddank

1923 stellte Heinrich Lanz seinen ersten Großtraktor mit einem stehenden Zweizylinder-Glühkopfmotor, den Felddank, mit 38 PS / 27,8 kW vor. Der Motor mit einem Hubraum von 12,5 l erbrachte seine Leistung bei einer Umdrehung von 650 U/min. Der 4,6 t schwere Schlepper besaß einen Rückwärts-Gang und drei Vorwärts-Gänge. Dieser für seine Zeit moderne und leistungsfähige Schlepper wurde in der Land- und Forstwirtschaft sowie bei Speditionen eingesetzt. Als Verkehrs-Felddank erreichte er eine Zugleistung von 3,9 t. Wegen der hohen Anschaffungskosten kam dieser Schlepper in Rahmen-Bauweise nur in Großbetrieben zum Einsatz.

Lanz Felddank der Kranzler-Spedition in Heidelberg 1923

J. Kralzer
J. Kralzers Möbelspedition
Karlsruhe-Heidelberg-Dessau
LANZ

# Lanz-Knicklenker HP

Ein besonderes Erscheinungsbild bietet der Lanz-HP, der zum ersten Mal 1923 der Öffentlichkeit vorgestellt wurde. Der Lanz-HP war mit einer Knicklenkung und Allrad-Antrieb ausgerüstet und somit für den Weinbau konzipiert. Der Einzylinder-Glühkopfmotor mit einem Hubraum von 6,3 l brachte es auf eine Leistung von 12 PS / 8,8 kW bei 420 U/min. Die nachfolgende Version erhielt einen Motor derselben Kategorie mit 15 PS / 11 kW bei 500 U/min. Auch hier musste der Motor für Rückwärtsfahrt umgesteuert werden. Der 1,9 t schwere Schlepper war mit einem Anschaffungspreis von 7140 Reichsmark den meisten Betrieben zu teuer. Wegen des reparaturanfälligen, komplizierten Antriebssystems war diesem Schlepper kein großer Erfolg beschieden.

Lanz-HP mit Hackgerät im Weinbau 1924

LANZ
K.-H. Brüggmann
1. II. 2002

# Lanz-Klein-Lokomotive Typ HL

Durch die Ausstellung von Motor-Kleinlokomotiven 1924 in Seddin wurde die Firma Lanz zum Bau eines Schienen-Bulldogs inspiriert. Das Fahrzeug auf der Basis des Typs HL hatte eine Spurweite bis 100 mm. Die rund 2 t schwere Klein-Lok wurde von einem 12-PS-/ 8,8-kW-Glühkopfmotor angetrieben, der seine Leistung bei 420 U/min erreichte. Die Fahrtrichtung wurde durch Umsteuern des Motors gewechselt. Ausgerüstet mit einer Sandstreu-Einrichtung und Backenbremsen war dieser Bulldog eine robuste Feldbahn-Lokomotive. Nach meinen Kenntnissen gibt es heute zumindest noch ein Exemplar.

Lanz-Kleinlokomotive im Moor beim Torftransport 1928

LANZ

# Stock-Raupenstock

Eine interessante Variante eines Raupen-Schleppers brachte die Berliner Firma Stock-Motorpflug GmbH 1926 heraus. Dieser Raupenschlepper fiel in erster Linie durch die größeren Fronträder und die fehlenden Laufrollen auf. Mit einem Gewicht von 2,4 t erreichte der frontlastige Schlepper mit einem 2-Zylinder-Vergasermotor 28 PS / 20,5 kW bei einer Drehzahl von 1000 U/min. Angetrieben wurde das Fahrzeug über die Fronträder. Ausgerüstet mit einer Lamellen-Kupplung, Vorgelegen und Differenzialwellen wurde der Raupenstock über Handhebel durch Abbremsen einer der Differenzialwellen gelenkt. Das Fahrzeug besaß drei Vorwärts-Gänge und einen Rückwärts-Gang. Durch den einfachen Aufbau hatte der Raupenstock weniger Verschleißteile als andere Raupenschlepper.

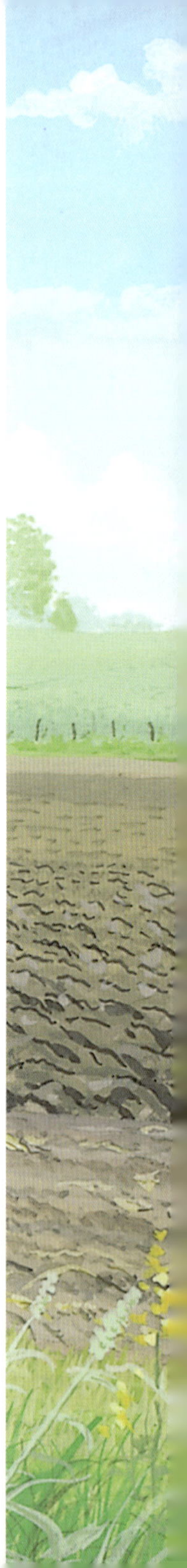

Raupenstock beim Pflugeinsatz 1927

II. 2002

# Deutz MTZ 320

Ab 1929 erreichte die Firma Deutz mit ihrer MTZ-Reihe den ersten Erfolg auf dem Schlepper-Markt. Ab 1934 wurde die stärkste Ausführung als MTZ 320 gebaut. Dieser Schlepper besaß einen liegenden Zweizylinder-Viertakt-Reihenmotor. Die Leistung von 36 PS / 26 kW wurde bei einer Drehzahl von 1100 U/min erreicht. Der Dieselmotor hatte einen Hubraum von 5,72 l. Angetrieben über die Hinterräder besaß der 3,8 t schwere Schlepper drei Vorwärts-Gänge und einen Rückwärts-Gang. Mit Gummi-Bereifung ausgestattet, erreichte er als Straßenschlepper 17,5 km/h. Angeboten wurde der Straßenschlepper auch mit einer festen Fahrerkabine, doch diese Ausführung war allgemein eher selten zu sehen. Selbst bei Fern-Transporten über eine große Entfernung war der Schlepper den damaligen Lastkraftwagen überlegen.

Deutz MTZ 320 als Speditions-Schlepper 1930

Deutz Diesel
IH-1812
K.-H. Brüggmann
I. 2003

# MAN AS 250

Im Rennen um Markt-Anteile stellte die MAN Maschinenfabrik-Augsburg-Nürnberg A.G. 1938 den leistungsstarken AS 250 vor. Angetrieben wurde der Schlepper durch den im Lastkraftwagenbau bewährten Vierzylinder-Direkteinspritzer-Dieselmotor von 50 PS / 36,6 kW. Mit einem Hubraum von 4,94 l erreichte er diese Leistung bei 1500 U/min. Das 3,4 t schwere Fahrzeug besaß fünf Vorwärts-Gänge und einen Rückwärts-Gang. Der Antrieb erfolgte über die Hinterräder. Bei der Höchstgeschwindigkeit von 20 km/h betrug seine Anhänge-Last 24 t. Durch den Kriegsbeginn wurde eine geplante Großserienproduktion verhindert. Von einer 60 PS starken Straßenschlepper-Variante wurden nur drei Prototypen hergestellt.

Der MAN AS 250 schafft was weg 1938

M·A·N
DIESEL
IZ 20114

# Lanz-Ackerluft-Bulldog HR8

Schon ab 1934 gebaut, war der luftbereifte D 9506 gleichermaßen auf dem Acker und auf der Straße einsetzbar. Ausgerüstet mit einem liegenden Einzylinder-Glühkopfmotor mit einer Leistung von 38 PS / 27,8 kW bei 630 U/min verfügte der 3,8 t schwere Schlepper über einige Kraftreserven. Wie alle HR-Bulldogs hatte auch dieser Traktor einen Hubraum von 10,34 l. Mit einer Zugkraft von 2705 kg war der Schlepper in der Lage, über 30 t zu bewegen. Dieser erfolgreiche Bulldog mit seinen 6 Vorwärts- und 2 Rückwärts-Gängen erreichte eine Höchstgeschwindigkeit von knapp 17 km/h. Ab 1954 wurde der D 9506 als 45-PS-Version mit höherer Drehzahl gebaut. 1950 war der Listenpreis mit 11.500 DM angegeben.

Der Lanz-Ackerluft-Bulldog beim Pflügen 1938

BULLDOG
LANZ
H. H. Brüggmann
XI. 2002

# Lanz-Bulldog-Raupe D1561

Ab 1937 brachte die Firma Heinrich Lanz in Mannheim ihren zugstärksten Bulldog als Raupenschlepper auf den Markt. Bei einem Gewicht von 5,3 t wurde mit dem 55 PS / 40,3 kW starken 10,34-l-Einzylinder-Glühkopfmotor eine Zugkraft von 4300 kg erreicht. Der Motor arbeitete mit einer Drehzahl von 750 U/min. Die 400 mm breite Raupenkette sorgte für eine gute Gewichtsverteilung, so dass eine Bodenverdichtung auch bei problematischen Böden sehr gering war. Der über Hebel gelenkte Schlepper verfügte über 6 Vorwärts- und 2 Rückwärts-Gänge. Das mitgeführte Lenkrad wurde nur zum Anwerfen des Motors gebraucht. Der Raupen-Bulldog erreichte eine Höchstgeschwindigkeit von 7,7 km/h. Bis 1946 wurden 2437 Exemplare des Raupenschleppers vom Typ HR 8 gebaut. Sie wurden auf Groß- und Gutsbetrieben eingesetzt und überzeugten besonders auf Problemböden.

Der Lanz-Raupenschlepper zusammen mit einem Hanomag K 50 beim Pflügen auf einem Gutsbetrieb 1938

LANZ
BULLDOG

# Lanz-Zapfwellen-Mähdrescher-Prototyp

Im Sommer 1939 konnte man ein ganz besonderes Gespann beobachten. Damals wurde der Lanz-Zapfwellen-Mähdrescher-Prototyp einem Praxistest unterzogen. Dieser Mähdrescher war mit einem Vorratstank und einer Ballenpresse ausgerüstet. Durch den angehängten Kaff-Wagen, in welchem die Speren aufgefangen wurden, hatte das Gespann eine beachtliche Länge.

Das Korn wurde auf dem Fahrzeug unterhalb des Vorratstanks in Säcke abgefüllt und auf der Arbeitsplattform gestapelt. Gezogen wurde der Mähdrescher damals von einem Lanz-Bulldog vom Typ HR8 mit 45 PS / 32,9 kW. Wie alle technischen Prototypen besaß auch diese Maschine eine sehr aufwändige Antriebstechnik. Spätere Zapfwellen-Mähdrescher waren kompakter und kleiner gebaut.

Lanz-Zapfwellen-Mähdrescher -Prototyp im Praxistest 1939

LANZ
BULLDOG
IVB 08926
LANZ
LANZ
K.-H. Brüggmann
IX 2004

# Lanz-Bulldog Typ HR8 mit Lanz-Mähbinder

Um bei der Getreide-Ernte die Schlagkraft zu erhöhen, wurden bei Groß- und Gutsbetrieben Großtraktoren mit zwei oder drei Mähbindern eingesetzt. Hier schleppt ein Lanz-Bulldog vom Typ HR8 mit 45 PS / 32,9 kW zwei versetzt arbeitende Lanz-Mähbinder. Der Vorteil der Mähbinder bestand darin, dass die Garben, die man früher noch im Akkord von Hand band, fertig gebunden ausgeworfen wurden. Die fertigen Garben wurden zumeist von Helferinnen zu Hocken zusammengestellt. Neben den ersten selbst fahrenden Mähdreschern und Zapfwellenmähdreschern waren sogar noch Mähbinder während meiner Kindheit im Einsatz.

Lanz HR8 mit Mähbindern
bei der Getreide-Ernte
1939

LANZ BULLDOG
Th 02506
LANZ
LANZ
K.-K. Brüggmann
III. 2008

# Lanz-Eil-Bulldog HR9 D 2531

Der 55 PS / 40,3 kW starke und 4,5 t schwere Eil-Bulldog wurde nicht wie die anderen Eil-Bulldogs aus den Ackerschleppern entwickelt, sondern stellte eine Eigenentwicklung dar. Die 10,3-l-Maschine arbeitete mit einer Drehzahl von 750 U/min. Für einen großen Aktionsradius war der Schlepper mit einem Brennstoff-Tank am Heck mit 200 l Fassungsvermögen ausgerüstet. Mit fünf Vorwärts-Gängen und einem Rückwärts-Gang ausgestattet brachte es der Eil-Bulldog auf eine Höchstgeschwindigkeit von 31,2 km/h. Im ersten Gang lag seine Zugleistung weit über 30 t. Der Fahrer wurde durch ein Faltverdeck geschützt. Im 2. Weltkrieg wurde der Schlepper von der Wehrmacht für Berge- und Transportarbeiten eingesetzt. Viele Fahrzeuge von zivilen Unternehmen wurden dafür beschlagnahmt.

Lanz-Eil-Bulldog D 2531
im Kriegs-Einsatz 1942

LANZ
BULLDOG
WH-51224
LANZ
BULLDOG
-50191
408
408

# Deutz-„Stahlschlepper“ F 3 M 317

Ab 1935 brachte die Firma Deutz den robusten und zugstarken „Stahlschlepper“ heraus. Die Bezeichnung „Stahlschlepper“ bekam er wegen des aus Stahlblech gefertigten Getriebe-Gehäuses. Als Straßenschlepper erreichte der 4,2 t schwere Traktor eine Höchstgeschwindigkeit von 27 km/h. Bei der Höchstgeschwindigkeit war der Schlepper in der Lage, bis zu 24 t zu bewegen. Der Dreizylinder-Viertakt-Dieselmotor leistete bei 1300 U/min 50 PS / 36,6 kW. Der Motor besaß einen Hubraum von 5,77 l. Der Antrieb erfolgte über fünf Vorwärts-Gänge und einen Rückwärts-Gang. In dieser Ausführung wurde er bei Speditionen auch im Schwerlastverkehr eingesetzt. Der „Stahlschlepper“ wurde in einer Stückzahl von 6248 Exemplaren in allen Ausführungen verkauft. In der DDR wurde der Schlepper noch bis in die achtziger Jahre eingesetzt.

*Mein persönliches Erlebnis*

## Ein Kraftpaket

Es war im Frühling 1965, mein Weg führte mich mal wieder von der Schule an den Hafen. Dort wurde das Binnenschiff „Heike“ mit einem blauen O&K-Kran, der auf einem Kettenfahrwerk lief, entladen. Die aus Futtermittel bestehende Ladung verschwand zunächst in einem großen Ladetrichter. Darunter wartete ein neuer Deutz-Schlepper mit zwei schweren Anhängern. Der Motor lief im Leerlauf und hatte einen interessanten Klang. Ich kannte diesen Traktortyp nicht und erst als ich daneben stand und ihn begutachtete, erkannte ich, dass es sich um einen neuen D 80 handelte. Der Fahrer bemerkte mein Interesse und kam zu mir, um den Schlepper zu erklären. Zwischendurch musste er weiter vorziehen. Meine Sinne waren dann ganz auf die Maschine gerichtet.

Der D 80 hatte einen Sechs-Zylinder-5,1-l-Reihenmotor mit einer Leistung von 80 PS / 58,6 kW. Mit einem Eigengewicht von 3,8 t erreichte er eine Höchstgeschwindigkeit von 25 km/h. Das Getriebe war mit acht Vorwärts- und vier Rückwärtsgängen ausgestattet. Es war damals der leistungsstärkste Schlepper im Deutz-Programm.

Das Beladen der Anhänger ging zügig voran. Der Fahrer kontrollierte die Lademenge und zog noch ein Stück vor. Nach kurzer Zeit wurde der Ladevorgang beendet. Der Mann schwang sich auf den Sitz, legte einen Gang ein und der Motor dröhnte in meinen Ohren, als sich der Schlepper dann kraftvoll in Bewegung setzte. Es wurde ein anderer Gang eingelegt und die Drehzahl steigerte sich. So zog das Gespann davon, dem ich noch lange nachblickte. Noch lange als ich den Hängerzug schon längst wegen einiger Gebäude aus den Augen verloren hatte, konnte ich das Motorengeräusch immer noch wahrnehmen. Merkwürdigerweise bekam ich diesen Deutz-Schlepper in Glückstadt nie wieder zu Gesicht.

Deutz-„Stahlschlepper“ der Firma „Bäcker & Harms“ mit einer Koksfuhre im Nachkriegs-Berlin 1948

DEUTZ
DEUTZ
KB 098 259
BECKER & HARMS
Berlin Osthafen

# Lanz-Eil-Bulldog D 2539

Ab 1939 wurde der Lanz-Eil-Bulldog D 2539 als leistungsstärkster Lanz-Straßen-Bulldog gebaut. Der Einzylinder-Glühkopfmotor mit 10,34 l Hubraum brachte das Fahrzeug auf eine Höchstgeschwindigkeit von 30 km/h. Der Motor leistete 55 PS / 40,3 kW bei 750 U/min. Bei dem Eil-Bulldog handelte es sich um eine Neukonstruktion. Er war am Heck mit einem 200 l fassenden Schweröltank ausgerüstet. Er hatte im ersten Gang eine Zugleistung von über 30 t. Die Vorderachse war mit einer querliegenden Blattfeder ausgerüstet. Mit dem festen Fahrerhaus diente er bei vielen Speditionen als LKW-Ersatz.

Lanz-Eilbulldog D 2539 der Spedition „Schenker GmbH" 1952

LANZ
BULLDOG
10·5011
K. H. Brüggemann
XII 2000

# Deuliwag D 35

Durch den Krieg war das Deuliwag-Werk in Berlin zerstört. Ab 1949 wurden die Traktoren in Lübeck-Siems gebaut. Der stärkste Schlepper war der D 35. Ausgerüstet mit einem Dreizylinder-MWM-Dieselmotor brachte es der Schlepper auf 36 PS / 26,4 kW. Er war mit fünf Vorwärts-Gängen und einem Rückwärts-Gang ausgestattet. Mit einem Gewicht von 2,25 t war er auch der schwerste Deuliwag-Schlepper. Da die Produktion sehr spät wieder aufgenommen wurde und die anderen Hersteller im Vorteil waren, musste die Traktoren-Produktion schon 1952 eingestellt werden. Mir ist nicht bekannt, ob heute noch ein D 35 vorhanden ist.

Deuliwag D 35 beim Pflügen

# Allgaier A 22

Nach dem A 18 wurde ab 1950 von der Firma Allgaier der A 22 angeboten. Mit seinen 22 PS / 10,1 kW war er doch ein sehr zugstarker Schlepper. Der liegende Einzylinder-Dieselmotor hatte einen Hubraum von 1,84 l und erreichte eine Höchstdrehzahl von 1500 U/min. Der Motor war mit einer Verdampfungskühlung ausgerüstet und hatte einen Wasservorrat von 50 l. Das Getriebe war für vier Vorwärts-Gänge und einen Rückwärts-Gang ausgelegt. Der Schlepper mit einem Eigengewicht von 1,8 t erreichte eine Höchstgeschwindigkeit von 18,7 km/h. Der Kraftstoffvorrat betrug 28 l Diesel. Das zulässige Gesamtgewicht des A 22 war mit 2,4 t angegeben.

Allgaier A 22 beim
Langholz-Transport 1951

AW 31-2092

# Allgaier A 40

Der A 40 wurde von 1950 bis 1953 in einer kleinen Stückzahl von 300 Exemplaren gebaut. Ausgestattet mit einem 2-Zylinder-Dieselmotor, der einen Hubraum von 3,7 l hatte, erreichte er eine Leistung von 40 PS / 29,3 kW. Es waren sechs Vorwärts-Gänge und ein Rückwärts-Gang vorhanden. Der 2 t schwere Traktor erreichte eine Höchstgeschwindigkeit von 25,3 km/h. Der A 40 war der stärkste Allgaier-Schlepper und kam hauptsächlich in den Export. Wie die kleineren Allgaier-Traktoren konnte auch dieses Fahrzeug durch eine hohe Zugleistung überzeugen. Heute gilt er als ausgesprochen selten.

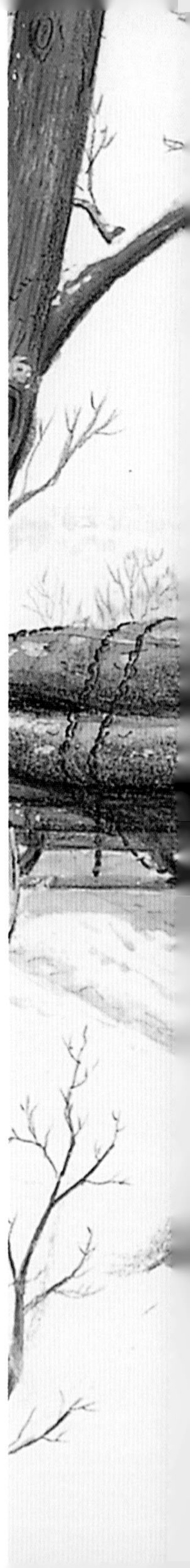

Allgaier A 40 beim winterlichen Langholz-Transport 1952

AB 41-2019

# Güldner AF 20

Der neue Schlepper AF 20 wurde von Güldner 1951 vorgestellt. Der in rahmenloser Blockbauweise hergestellte Schlepper besaß einen Zweizylinder-Viertakt-Dieselmotor, der eine Leistung von 22 PS / 16,1 kW bei 1800 U/min erreichte. Der wassergekühlte Motor hatte einen Hubraum von 1,63 l. Der hinterradgetriebene Schlepper verfügte über fünf Vorwärts- und einen Rückwärts-Gang. Sein Gewicht betrug 1,33 t. Mit einer Anhängelast von 12 t gehörte der AF 20 zu den Mittelklasse-Traktoren. Er war ein typischer Vertreter für die Motorisierungswelle in der Landwirtschaft der fünfziger Jahre.

Güldner AF 20 mit
McCormick-Mähbinder
1954

Güldner
BN 77-2306
McCORMICK
INTERNATIONAL
K.-H. Brüggmann
XII. 2006

# Ruhrstahl-Geräteträger

1951 brachte die Ruhrstahl AG in Witten einen recht ungewöhnlichen Schlepper heraus. Seine besonderen Merkmale waren die stark gekröpften Profilstahlträger und der hinter dem Fahrersitz liegende Motor. Ausgerüstet mit einem Zweizylinder-Viertakt-Dieselmotor mit 20 PS / 14,6 kW Leistung bei 1800 U/min brachte es der 1,7 t schwere Schlepper auf eine Höchstgeschwindigkeit von 16,3 km/h. Der Schlepper besaß drei Geräte-Anbauräume und konnte mit einer Ladepritsche für eine Zuladung von 1,5 t bestückt werden. Durch seine Bauweise war er sehr flexibel einsetzbar. Ausgestattet mit Hydraulik und der Ladebühne kostete der Schlepper damals 13.800 DM. Durch den seinerzeit hohen Anschaffungspreis und den Verzicht der Ruhrstahl AG, den Schlepper in Großserie zu bauen, wurde die Herstellung 1956 eingestellt.

Ruhrstahl-Geräteträger
bei der Rüben-Ernte 1953

AN 21-4012
III. 2002

# Fendt F12 HL

1954 stellten die Fendt-Werke in Marktoberdorf den Kleinschlepper F12 HL vor. Der Schlepper sollte auch die Kleinbauern dazu anregen, ihre Betriebe zu motorisieren. Der Schlepper war mit einem robusten, luftgekühlten Einzylinder-Dieselmotor ausgestattet, der seine Leistung von 12 PS / 8,8 kW bei 2000 U/min erreichte. Der Hubraum des Motors betrug 0,91 l. Der F12 wog 1,7 t und, ausgestattet mit sechs Vorwärts-Gängen und zwei Rückwärts-Gängen, erreichte eine Höchstgeschwindigkeit von 20 km/h. Es gab ihn auch als wassergekühlten F12 GH. Er war auch von der Anschaffung her der typische Schlepper für kleine Betriebe und konnte vielfältige Aufgaben bewältigen.

Fendt F12 HL vor der Hexenlochmühle (Schwarzwald) 1955

HEXENLOCHMÜHLE
FENDT
FW 25-1002
K.-H. Brüggmann
V. 2008

# Eicher ED 50

Mit der Entwicklung ihres ersten luftgekühlten Dreizylinder-Dieselmotors stellten die Eicher-Werke in Forstern 1957 den ED 50 vor. Dieser Traktor war für Großbetriebe in der Land- und Forstwirtschaft vorgesehen. Der 3,8 t schwere Schlepper war mit dem 50 PS / 36,6 kW leistenden Dieselmotor mit einem Hubraum von 4,7 l ausgerüstet. Der Motor arbeitete mit einer Drehzahl von 1450 U/min. Mit seinen sechs Vorwärts-Gängen und einem Rückwärts-Gang war er für eine Höchstgeschwindigkeit von 19,2 km/h ausgelegt. In allen Bereichen konnte er mit seiner für die damalige Zeit enormen Leistung überzeugen und fand gerade in landwirtschaftlichen Großbetrieben sein Aufgabengebiet.

Eicher ED 50 mit Claas-Zapfwellen-Mähdrescher 1955

CLAAS
Claas
Eicher
DIESEL
26-2180

# Fahr D 45 L

Ab 1952 baute die Firma Fahr den 45 PS / 32,9 kW starken D 45 L. Ausgestattet mit einem luftgekühlten Dreizylinder-Deutz-Dieselmotor erreichte er seine Leistung bei 1600 U/min. Der Hubraum des Motors betrug 4 l. Ausgestattet mit fünf Vorwärts-Gängen und einem Rückwärts-Gang erreichte der 2,4 t schwere Schlepper eine Höchstgeschwindigkeit von 21,2 km/h. In der Sonderausführung für schnelle Straßentransporte lag die Höchstgeschwindigkeit bei 29,3 km/h. Entwickelt für Großbetriebe, gingen die meisten Traktoren aus der doch kleinen Serie in den Export.

Fahr D 45 L mit Scheiben-Egge 1952

FAHR
15 1091

# Deutz-DK-60-Raupenschlepper

Ab 1953 brachte Klöckner-Humboldt-Deutz – KHD – den leistungsstarken Raupenschlepper DK 60 auf den Markt. Die 60 PS / 43,9 kW Leistung brachte der hauseigene, luftgekühlte Vierzylinder-Dieselmotor F 4 L 514 bei einer Höchstdrehzahl von 1600 U/min und einem Hubraum von 5,3 l auf die Antriebsräder. Hervorragende Leistung brachte der 6,3 t schwere Schlepper besonders auf druckempfindlichen Problem-Böden. Mit fünf Vorwärts- und drei Rückwärts-Gängen wurde eine Höchstgeschwindigkeit von 7,5 km/h erreicht. Der Raupenschlepper konnte mit Ketten in einer Breite von 350–600 mm ausgerüstet werden. Die DK-60-Raupe hatte einen Kraftstoff-Vorrat von 108 l. Der Schlepper entwickelte eine sehr hohe Zugkraft von 5420 kg am Zughaken und war somit auch für schwerste Arbeit auf großen Betrieben geeignet.

Deutz DK 60 in der Rüben-Ernte mit 3 Anhängern 1953

DEUTZ
luftgekühlt
K.-H. Brüggmann

# Hanomag R 35 A

Ab 1953 baute Hanomag den in der Konstruktion ausgereiften Schlepper als Nachfolgemodell des R 35. Der Vierzylinder-Dieselmotor erbrachte seine Leistung von 35 PS / 25,6 kW bei einer Höchstdrehzahl von 1900 U/min und einem Hubraum von 2,8 l. Ausgestattet mit fünf Vorwärts- und einem Rückwärts-Gang brachte es der Schlepper bei einem Gewicht von 1,9 t auf eine Höchstgeschwindigkeit von 19,8 km/h. Auf Wunsch wurde der Schlepper auch mit zehn Vorwärts- und zwei Rückwärts-Gängen gebaut, wobei sich die Höchstgeschwindigkeit auf 25,2 km/h erhöhte. Mit seiner Bodenfreiheit von 450 mm wurde er vor allem im Hackfrucht-Anbau auf größeren Betrieben eingesetzt.

Hanomag R 35 mit
Drillmaschine 1953

HANOMAG
HANOMAG
R35
N41-2177

# Unitrak H 19

Schon 1949 konstruiert, wurde eine überarbeitete Version eines Einachs-Schleppers von den Metallwerken Creussen in Oberfranken vorgestellt. Der Unitrak H 19 wurde über ein hinteres Stützrad gelenkt. Diese Ausführung verlieh dem 0,99 t schweren Fahrzeug einen sehr engen Wendekreis. Angetrieben von einem luftgekühlten Einzylinder-Zweitakt-Vergasermotor erreichte der Schlepper 15 PS / 11 kW. Mit einem Viergang-Getriebe und je einer Zapfwelle vorn und hinten war er ein Universal-Fahrzeug. Für einen schnellen Gerätewechsel sorgten Schnellverschlüsse. Ein zu geringes Interesse ließ keine längere Produktionsdauer zu.

Unitrak H 19 bei der Pflanzbeet-Vorbereitung 1954

MTW
UNITRAK

# Fendt-Dieselross F 40 U

Ab 1951 wurde der leistungsstärkste Schlepper aus der Fendt-Dieselross-Reihe produziert. Angetrieben von einem Dreizylinder-Viertakt-Dieselmotor vom Typ KDW 415 D von MWM erreichte der Schlepper eine Leistung von 40 PS / 29,3 kW. Der Motor hatte einen Hubraum von 3,5 l und arbeitete mit einer Drehzahl von 1500 U/min. Das Fahrzeug konnte wahlweise mit fünf Vorwärts- und einem Rückwärts-Gang für eine Höchstgeschwindigkeit von 20 km/h oder sechs Vorwärts- und zwei Rückwärts-Gängen für eine Höchstgeschwindigkeit von 28 km/h ausgestattet werden. Der Schlepper hatte ein Gewicht von 2,2 t. Der leistungsstarke Traktor wurde wegen seiner hohen Zugleistung vor allem auf Großbetrieben eingesetzt. Da er sich hervorragend bewährt hatte, lief seine Fabrikation über sieben Jahre.

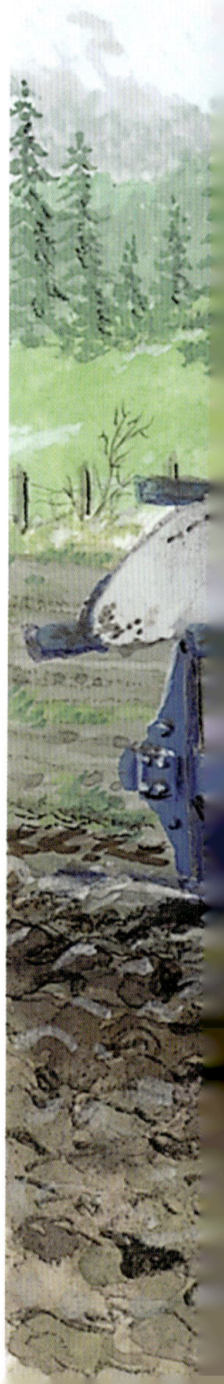

Fendt-Dieselross F 40 U
mit Dreischar-Drehpflug
1956

FENDT
B 231-182
K.H. Brüggmann

# Holder-Allrad-Knicklenker A 10

Der ab 1953 von Holder gebaute A 10 war ein Sonderfahrzeug in Schmalspur-Ausführung, besonders für Sonderkulturen. Der Stihl Einzylinder-Zweitakt-Dieselmotor brachte es mit einem Hubraum von 0,76 l und einer Drehzahl von 1750 U/min auf eine Leistung von 10 PS / 7,3 kW. Bei einem Gewicht von 0,7 t kam der Schlepper auf eine Zugleistung von 4,5 t. Mit vier Vorwärts- und zwei Rückwärts-Gängen war er für eine Höchstgeschwindigkeit von 13,5 km/h ausgelegt. Die Spurbreite konnte von 580 mm auf 810 mm verstellt werden. Eine kurze Rüstzeit und eine Reihe von Anbaugeräten machten den Kleintraktor zu einer Universalmaschine. Der Traktor hatte eine hohe Lebensdauer.

*Mein persönliches Erlebnis*

## Der Blumenkohlzug

Es war Spätsommer 1988. Auf einem Blumenkohlfeld bei Glückstadt waren wir mit den Erntevorbereitungen beschäftigt. Bernd, der Sohn des Bauern, brachte den Anhänger für die Ernte mit einem Holder-Allradknicklenker A 45 mit 36 PS heran. Es hatte die Tage zuvor sehr viel geregnet und in den Fahrspuren stand noch das Wasser. Meine geäußerten Bedenken, mit dem Gespann in den Spuren zu fahren, blieben wirkungslos.
So wurde mit der Ernte begonnen und ich stapelte den Blumenkohl Stück für Stück auf dem Anhänger. In Abständen wurden die Fahrzeuge weiter bewegt und ich beobachtete, wie die Räder sich durch den Schlamm wühlten. Langsam, aber stetig drückten sich die Wagenräder durch das zunehmende Gewicht der Ladung immer tiefer in die Modderspur. Wir hatten schon über einhundert Meter zurückgelegt, da verloren die Räder des Traktors zwischendurch immer wieder die Bodenhaftung. Zwischen den Reifenstollen setzte sich zähes, schmieriges Erdreich fest und bildete so eine glatte Reifenoberfläche. Das war es dann – der Traktor kam nicht mehr von der Stelle. Da halfen auch mehrere Versuche nicht, bei denen die Schlepperräder nur den Schlamm nach hinten und vorne verspritzten. Wegen der Wärme hatte ich auf meine Regenhose verzichtet und so sah ich in meiner blauen Latzhose dem Acker farblich sehr ähnlich. Ich war durch das Fangen der Blumenkohlköpfe sowieso schon reichlich nass geworden, da die Blätter noch nicht abgetrocknet waren.
Es half nichts, Bernd holte den zweiten Holder-Traktor, auch einen A 45. Die Zugfahrzeuge mit einer Schleppstange verbunden, folgte dann ein neuer Versuch, den Anhänger zu bewegen. Doch wer jetzt glaubte, dass es vorangehen würde, der hatte sich getäuscht, denn es ging nicht einmal einen halben Meter vorwärts. Nach kurzer Zeit war auch bei dem vorderen Traktor nichts mehr vom Radprofil zu sehen. Es half nichts, der neue, 62 PS starke Case-IH-733-Traktor musste her. Nach einer längeren Zeit des Wartens kam der Schlepper und wurde ebenfalls über eine Schleppstange mit den beiden Holdern gekoppelt. Das war ein Bild: drei Traktoren vor einem Zweiachsanhänger, ein seltener Zug. Ein neuer Versuch, die Motoren dröhnten und das einmalige Gespann ruckte. Ganz langsam kämpften sich die drei Traktoren vorwärts, und sie schafften es tatsächlich, den Anhänger frei zu bekommen. Dabei setzten sie ihre Fahrt neben der schlammigen Fahrspur fort. Es hätte nicht viel gefehlt, und die Räder des Case-Schleppers hätten sich auch mit Erde zugesetzt. Es war gerade noch einmal gutgegangen.

Holder A 10 im Winterdienst 1955

Holden
DIESEL
K.-H. Brüggmann
III. 2002

# Nordtrak ST 480

Die leistungsstärksten Traktoren stellten die Nordtrak-Werke in Hamburg ab 1955 der Öffentlichkeit vor. Es waren allradgetriebene, 2,9 t schwere Kraftpakete. Sie gehörten zu den stärksten Traktoren der fünfziger Jahre. Ausgestattet mit einem Vierzylinder-Viertakt-Dieselmotor des Typs AKD 12 V bzw. 112 V von MWM erreichte dieser Traktor eine Leistung von 48 PS / 35,1 kW. Der Motor arbeitete mit einer Höchstdrehzahl von 2000 U/min bei einem Hubraum von 3,6 l. Gefertigt mit acht Vorwärts- und vier Rückwärtsgängen, konnte eine Höchstgeschwindigkeit von 27,6 km/h erreicht werden. Es wurde eine Zugkraft von 2,7 t am Zughaken erreicht. Der Schlepper überzeugte mit hervorragenden Leistungen und seiner Zuverlässigkeit.

Nordtrak ST 480 bei Holz-Rücke-Arbeiten 1956

BS 15:1021

# IFA RS 01/40 II Harz

Zu einer Neukonstruktion der DDR-Schlepper gehörte der ab 1956 gebaute Radschlepper RS 01/40 II Harz. Ein Vierzylinder-Reihendieselmotor vom Typ 4F 145 DE leistete 42 PS / 30,7 kW bei einer Drehzahl von 1250 U/min. Der wassergekühlte Motor hatte einen Hubraum von 5,02 l. Mit einem Getriebe, ausgestattet mit fünf Vorwärts-Gängen und einem Rückwärts-Gang, erreichte der 3,3 t schwere Traktor eine Höchstgeschwindigkeit von 17,25 km/h. Die VEB-IFA-Schlepperwerke in Nordhausen produzierten diesen Schlepper zwei Jahre lang in einer Stückzahl von 2175 Fahrzeugen. In den Folgejahren wurden durch die großflächigen LPGs immer höhere Leistungen benötigt.

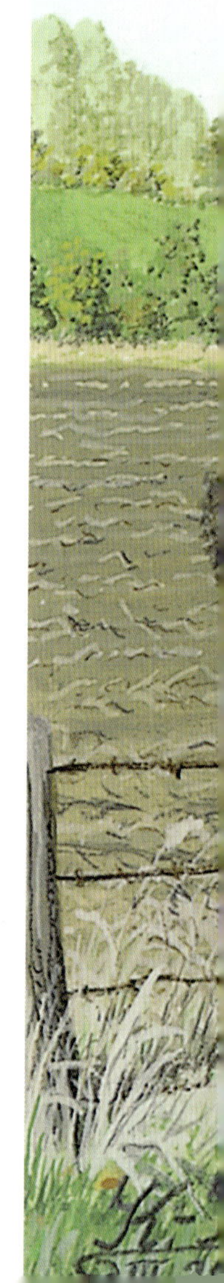

IFA RS 01/40 bei der Kartoffel-Ernte 1956

IFA
DC 28-76

# Schlüter AS 30

Der ab 1954 gebaute AS 30 von der Motorenfabrik Anton Schlüter in Freising gehörte von der Größenkategorie her noch zu den mittleren Traktoren. Der Zweizylinder-Viertakt-Dieselmotor vom Typ ASM 30 leistete bei einer Drehzahl von 1500 U/min und einem Hubraum von 3,1 l 30 PS / 22 kW. Der 2,1 t schwere Schlepper war ein solides, in Blockbauweise konstruiertes Fahrzeug. Wahlweise ausgestattet mit fünf Vorwärts-Gängen und einem Rückwärts-Gang oder sieben Vorwärts- und zwei Rückwärts-Gängen erreichte er eine Höchstgeschwindigkeit von 20 km/h bzw. 31,2 km/h.

Schlüter AS 30 mit Accord-Pflanz-Maschine 1957

Schlüter
NR 27-3114
K.H. Brüggmann
II. 2001

# Deutz-Bauernschlepper

Der Deutz-Schlepper Typ F1M 414 kam 1936 auf den Markt und wog 1075 kg. Sein Einzylinder-Viertakt-Dieselmotor leistete 11 PS / 8,08 kW, das Getriebe hatte drei Vorwärts- und einen Rückwärtsgang.
Der „Elfer-Deutz", wie er allgemein genannt wurde, entsprach weitgehend den Forderungen anerkannter Wissenschaftler und den Erwartungen der Praxis. Zum Preis von weniger als 3000 Reichsmark konnte er mit seiner Zugkraft vier Pferde ersetzen und einen Zwei-Schar-Pflug ziehen, mit der Riemenscheibe beispielsweise Dreschmaschinen und mit der Zapfwelle angehängte Geräte antreiben. Er war robust, langlebig, einfach zu bedienen und vielseitig einsetzbar. Damit wurde „Motorisierung nicht nur für Großbetriebe bezahlbar", sondern „der Schleppereinsatz wurde auch für den bäuerlichen Betrieb sinnvoll". So erreichte der „Elfer-Deutz" mit mehr als 10.000 Stück bis Kriegsbeginn die höchsten Verkaufszahlen unter den Bauernschleppern.

Ein Elfer-Deutz mit Anbaumähwerk auf dem Weg zur Mühle

DEUTZ
BS 21-1037
K.-H. Brüggmann
IV. 2008

# MAN A 25 A

1956 begann bei MAN der Serienbau des A 25 A, der für mittlere landwirtschaftliche Betriebe vorgesehen war. Der 1,9 t schwere, allradgetriebene Schlepper hatte eine Leistung von 25 PS / 18,3 kW. Der Zweizylinder-Viertakt-Dieselmotor vom Typ D 9622 M 131 arbeitete mit einer Drehzahl von 2000 U/min und war mit einem Hubraum von 1,7 l ausgestattet. Mit fünf Vorwärts-Gängen und einem Rückwärts-Gang wurde eine Höchstgeschwindigkeit von 18,8 km/h erreicht. Die Anschaffungskosten in der Grundausführung betrugen bei dem 25 PS / 18,3 kW starken Schlepper 10.950 DM. Der Traktor wurde bis 1957 gefertigt.

MAN A 25 A beim Weihnachtsbaum-Transport im Schwarzwald 1955

M·A·N
Ackerdiesel
FW 31-5110
K.-H. Brüggmann
I. 2007

# Lanz-Allzweck-Bulldog D 7506

Schon ab 1939 gebaut, wurde der D 7506 ab 1950 neu aufgelegt. Im Gegensatz zu seinem Vorgänger erhielt er eckige Hinterrad-Kotflügel. Der liegende Einzylinder-Glühkopfmotor leistete 25 PS / 18,3 kW. Er hatte einen Hubraum von 4,8 l und erreichte seine Leistung bei 850 U/min. Mit sechs Vorwärts- und zwei Rückwärts-Gängen erreichte der 2,15 t schwere Schlepper eine Höchstgeschwindigkeit von 18,2 km/h. Durch seine hohe Bodenfreiheit wurde er vor allem als Hackfrucht- und Pflege-Schlepper eingesetzt.

Lanz D 7506 mit Claas-Pick-Up-Presse 1952

PICK-UP
LANZ
K.-H. Brüggmann
III. 2006

# MAN B 45 A

Ab 1955 wurde dieser MAN-Schlepper gebaut. Ausgerüstet mit einem Vierzylinder-Dieselmotor der Baureihe D 9614 M 3 leistete er 45 PS / 32,9 kW. Der Motor mit einem Hubraum von 3,2 l arbeitete mit einer Höchstdrehzahl von 2000 U/min. Der Traktor erreichte eine Höchstgeschwindigkeit von 21 km/h, mit Schnellgang 30,7 km/h. Für schwere Arbeiten und ausgerüstet mit Luftdruckbremse wurde er auf Großbetrieben eingesetzt. Bis 1956 hatte man 403 Traktoren dieses Typs gebaut.

MAN B 45 A beim Pflügen 1956 (Original DIN A3)

MAN
Ackerdiesel
K.T. Brüggmann
II. 2002

# MAN A 32 A

Ab 1955 wurde der Schlepper mit einem Vierzylinder-Motor vom Typ D 9614 M 1 mit einem Hubraum von 3,2 l hergestellt. Der Motor leistete 32 PS / 23,4 kW bei einer Drehzahl von 1500 U/min. Mit sechs Vorwärts-Gängen und einem Rückwärts-Gang erreichte der Traktor bei einem Eigengewicht von 1,9 t eine Höchstgeschwindigkeit von 20 km/h. Die Zugkraft war an der Anhängekupplung mit 2000 kg angegeben und so war das Fahrzeug auch für größere Betriebe interessant. Mit einer guten Grundausstattung war der Preis damals mit 12.990 DM angegeben.

MAN A 32 A mit
Heufuhre 1957

M·A·N
FR·VI 52
II. 2001

# MB Unimog 411 U30

Von der Firma Böhringer übernahm Mercedes-Benz im Oktober 1950 das gesamte Unimog-Programm und entwickelte es weiter. So entstand 1956 der U30. Das Fahrzeug war mit einem Vierzylinder-Dieselmotor vom Typ OM 636/ VI-U ausgerüstet. Mit einem Hubraum von 1,8 l und einer Höchstdrehzahl von 2550 U/min wurde eine Leistung von 30 PS / 22 kW erreicht. Mit sechs Vorwärts- und zwei Rückwärts-Gängen hatte der U30 mit einem Eigengewicht von 1,8 t eine Höchstgeschwindigkeit von 53 km/h. Die Zugleistung des Universal-Motor-Gerät, lag bei 38 t. Für den Allradantrieb wurden die Vorderräder zugeschaltet. Es konnte ein Kraftstoff-Vorrat von 40 l mitgeführt werden.

MB Unimog U30 mit Holzfuhre 1958

LU-KR 46
K.-H. Brüggmann
IV.2004

# Lanz D 6016

Der D 6016 war der leistungsstärkste Schlepper, der ab 1955 von Lanz gebaut wurde. Hierbei handelte es sich um einen Halbdiesel-Schlepper, der mit Benzin angelassen und erst nach Erreichen der Betriebstemperatur auf Dieselbetrieb umgestellt wurde. Die Leistung von 60 PS / 43,9 kW erreichte der Einzylinder-Zweitakt-Dieselmotor bei einer Drehzahl von 800 U/min und einem Hubraum von 7,35 l. Ausgestattet mit neun Vorwärts- und drei Rückwärts-Gängen erreichte der 3,9 t schwere Traktor eine Höchstgeschwindigkeit von 19,7 km/h. Mit dem ersten Gang als Kriechgang betrug die langsamste Geschwindigkeit 0,7 km/h. Mit seiner enormen Zugleistung konnte er beim Tiefpflügen mit einem 5-Schar-Pflug eingesetzt werden.

Lanz D 6016 beim Zuckerrüben-Transport 1959

LANZ
LANZ
60
BZA-H 110
K.H. Brüggmann
2007

# IHC D 436

Ab 1959 war der D 436 der stärkste Schlepper im deutschen Programm von der International Harvester Company in Neuss. Der Vierzylinder-Viertakt-Reihendieselmotor vom Typ DD 148 erreichte seine Leistung von 36 PS / 26,4 kW bei 1900 U/min. Der wassergekühlte Motor hatte einen Hubraum von 2,43 l. Mit acht Vorwärts- und zwei Rückwärts-Gängen lag die Höchstgeschwindigkeit des 1,43 t schweren Schleppers bei 20 km/h. Er war in der Lage, in der Ebene fast 25 t Last zu ziehen. Der Traktor wurde bis 1962 produziert. Mit der gesamten Traktoren-Reihe wurden gute Verkaufserfolge erzielt.

*Mein persönliches Erlebnis*

### Trecker-Crash

Es war an einem Frühsommertag 1964. Nichts ahnend war ich auf dem Weg in den Garten. Als ich die Tür öffnete, vernahm ich Stimmen. Es hörte sich nicht gut an, denn es klang, als ob da einer fürchterlich laut schimpfte. Von der Neugier geweckt, suchte ich die Quelle des Spektakels. Ich kam gerade um die Hausecke, da entdeckte ich nicht nur die Quelle, sondern auch mit einem Blick durch die Hecke die Ursache der Wortgefechte.
Zehn Meter von unserer Grundstücksgrenze entfernt verlief ein Feldweg zu den landwirtschaftlichen Flächen vor dem Deich. Wenige Meter nach der Straßeneinfahrt befand sich das Objekt allen Übels. Es war ein merkwürdiges Bild, als der mir bekannte IHC Mc Cormick D 324, mit dem Hinterteil nach oben, schräg im Graben steckte. Der Besitzer des Treckers und sein Helfer befanden sich wild gestikulierend in einem heftigen Wortgefecht. Den zweiachsigen Anhänger hatten sie schon abgekuppelt, der Helfer hatte noch das Kupplungsmaul vom IHC in der Hand. Ich sah mir das Schauspiel aus sicherer Entfernung an, denn es wäre nur von Nachteil gewesen, dem wütenden Bauern in die Quere zu kommen. Einige Minuten waren wohl vergangen, da vernahm ich aus der Ferne ein Geräusch, das ich im Moment noch nicht identifizieren konnte. Dann gab jemand ordentlich Gas und ich erkannte den unvergleichlichen Lanz-Klang, so ein Motorengeräusch hatte nur ein Lanz, den man auf Touren bringt. Um eine Bestätigung zu erhalten, ging ich schnellen Schrittes zur Straße. In nördlicher Richtung blickend, erkannte ich den Lanz, der mit jeder Sekunde näher kam. Es war der Lanz D 6016 von unserem Großbauern, dessen Hof etwa einen Kilometer von uns entfernt lag. Ich war wieder einmal begeistert von dem Klang des Lanz-Diesels und mit allen Sinnen auf den Trecker fixiert. Es gab wirklich nichts Vergleichbares.
Den Lanz lenkte der Großbauer persönlich und zog an mir vorbei. Vor der Einmündung in den Feldweg bremste er seinen Lanz hart ab und brachte ihn abrupt zum Stehen. Er legte den Rückwärtsgang ein und gab Gas. Mit einer ordentlichen Abgaswolke lenkte er den Lanz rückwärts auf den Feldweg. Kurz vor dem Unglücks-Trecker ließ er seinen Trecker stehen und schwang sich vom Fahrersitz. Mit der Bemerkung, stellt ihr euren Trecker immer so ab, begab er sich ans Heck vom Lanz und löste eine starke Kette, die er um den Heckkraftheber getüddelt hatte. Die anderen beiden wurden wieder lauter, als ob sie den im Leerlauf drehenden Lanz übertönen mussten. Gelassen gab der Großbauer dem Helfer das eine Kettenende in die Hand und meinte: „Mag mal fast." Dann stieg er wieder auf seinen Lanz. Oha, nun wurde es spannend. Nachdem die beiden Streithähne sich aus dem Gefahrenbereich begeben hatten, legte der Großbauer einen Gang ein und zog langsam die Kette stramm. Nach einem Augenblick entfaltete dann mit gewaltigen Auspuffschlägen der Lanz-Diesel seine ganze Kraft. Die Räder drehten durch, der Lanz geriet in Schwingungen und es passierte – nichts. Der Großbauer schaltete noch einmal, dann spürte man förmlich die Kraft der großen Einzylinder-Maschine. Es klappte – ruckend bewegte sich der Lanz vorwärts, da die Räder zwischendurch immer wieder die Haftung verloren. Wie in Zeitlupe wurde der IHC aus seiner Modderfalle befreit.

IHC 436 leistet Magirus Mercur Bergehilfe bei Alsfeld (Hessen) 1960

McCORMICK
ALS.
MN 95
ALS-H702

# Eicher ED 26

Von 1956 bis 1960 wurden von dem ED 26 1235 Exemplare hergestellt. Der luftgekühlte Zweizylinder-Dieselmotor mit einem Hubraum von 2,6 l und einer Drehzahl von 1650 U/min leistete 26 PS / 19 kW. Sein Getriebe mit fünf Vorwärts-Gängen und einem Rückwärts-Gang war für eine Höchstgeschwindigkeit von 18 km/h ausgelegt. Das Eigengewicht des Schleppers betrug 1,8 t. Als Fahrzeug der mittleren Leistungsklasse war er vielseitig einsetzbar, aber mit einem Preis von 9790 DM nicht grade billig. Dafür war die Qualität sehr hoch.

Eicher ED 26 mit Landsberg-Ladewagen 1962

Eicher
DIESEL
Eicher
DIESEL
AZ EN 92

# Eicher EM 300 Königstiger

Der Schlepper aus der Raubtierklasse wurde ab 1959 gebaut. Ab 1962 wurde die Leistung leicht erhöht. Mit dem luftgekühlten Dreizylinder-Reihenmotor EDK 3 wurde eine Leistung von 38 PS / 27,8 kW erreicht. Die 2,9-l-Maschine hatte eine Höchstdrehzahl von 2000 U/min. Der Königstiger mit einem Gewicht von 1,9 t erreichte mit acht Vorwärts- und vier Rückwärts-Gängen eine Höchstgeschwindigkeit von 19,8 km/h, mit einem Schnellgang 28 km/h. Dieser Traktor markiert einen wichtigen Meilenstein in der Geschichte der Eicher-Werke.

Eicher EM 300 Königstiger
bei der Heuernte 1964

RO

# Mercedes-Benz Unimog U 406

Von 1963 bis 1988 wurde der 406 gebaut. Der Sechszylinder-Reihenmotor mit einem Hubraum von 4,6 l und einer Höchstdrehzahl von 2550 U/min brachte es auf 65 PS /43,9 kW Leistung. Ausgestattet mit einem Achtgang-Getriebe erreichte das Fahrzeug eine Höchstgeschwindigkeit von 65 km/h. Das zulässige Gesamtgewicht betrug 4,5 t und sein Leergewicht 2,7 t. Er benötigte einen Wendekreis von 10,8 m. Für den Kraftstoffvorrat stand ein 60-l-Tank zur Verfügung. Für den Antrieb von Geräten war er vorne und hinten mit einer Zapfwelle ausgerüstet. Später wurde die Leistung bis auf 100 PS erhöht.

MB Unimog U 406 in der Zuckerrüben-Kampagne 1969

UNIMOG
RD KB 204

# Hanomag R 455 ATK (NATO-Schlepper)

Ab 1957 lieferte die Firma Hanomag den R 455 ATK, auch bekannt als NATO-Schlepper, aus. Der zugstarke Traktor war mit einem Vierzylinder-Viertakt-Reihendieselmotor vom Typ D 57 R 455 ausgerüstet. Mit einer Drehzahl von 1300 U/min und einem Hubraum von 5,7 l leistete der Motor 55 PS / 40,3 kW. In der schwersten Version, als Flugfeldschlepper, wog das Fahrzeug 5,2 t. Hierbei war das Fahrzeug an den Hinterrädern mit Gussfelgen mit je 450 kg Gewicht ausgestattet. Der Schlepper war in der Lage, Lasten bis 75 t zu bewegen. Er war mit fünf Vorwärts-Gängen und einem Rückwärts-Gang ausgestattet, erreichte eine Höchstgeschwindigkeit von 17,7 km/h und bei der Sonderausstattung 32,5 km/h.
Mit dieser Arbeit wollte ich den Nato-Schlepper einmal beim Einsatz zeigen.

Hanomag R 455 ATK mit Fiat-Kampfjet der BW Luftwaffe 1965

HANOMAG
Y-330 510

# Hanomag R 55 ATK

Der ab 1952 von Hanomag gefertigte R 55 mit 55 PS / 40,3 kW Leistung war mit einer Druckluft-Bremsanlage sowie einer Seilwinde mit 6 t Zugkraft ausgerüstet. Dazu gab es eine Abstützvorrichtung und einen pneumatischen Frontkraftheber. Mit dieser Ausrüstung war er ein idealer Schlepper für Circus- und Schausteller-Unternehmen. Die ATK-Schlepper konnten in jedem Gang ruckfrei unter Vollgas anfahren, ohne dass die Fahrkupplung zu hoch beansprucht wurde. Ab 1957 wurde dieser Schlepper von dem R 455 ATK abgelöst.

*Mein persönliches Erlebnis*

## Die Großen von damals

Es waren die großen Traktoren, die mich schon während der fünfziger Jahre in meiner Kindheit begeisterten. Ich hatte ja den Vorteil, gerade die Straßenschlepper von Lanz und Hanomag im Alltagseinsatz zu erleben. Ob nun ein Circus nach Glückstadt kam oder die Schaustellerfahrzeuge für den Glückstädter Jahrmarkt die Straßen befuhren, es war immer ein Erlebnis. Da gab es die Verkehrs-Bulldogs von Lanz und die Hanomag-Straßenschlepper mit einer Motorleistung von 35 bis 55 PS bei der Fahrt, beim Rangieren oder anderen Arbeiten zu beobachten. Ich bedauerte es, als die Traktoren dann nach und nach durch andere Zugmaschinen ersetzt wurden. Nur bei den Circus-Unternehmen waren die Hanomag-Schlepper auch in den sechziger und siebziger Jahren noch im Einsatz.
So gab es immer wieder beeindruckende Erlebnisse. Es wirkte schon gefährlich, wenn die Hauptstützen von dem großen Zelt des Circus Krone aufgerichtet wurden. Hier kam dann der Hanomag R 55 ATK zum Einsatz. Er war ja mit speziellen Vorrichtungen an der Frontplatte und am Heck ausgerüstet. Wie in Zeitlupe stellten sich die Stützpfeiler dann aufrecht.
Ein anderes Erlebnis hatte ich am Fähranleger bei uns im Außenhafen, wo die Elbfähren zwischen Glückstadt und Wischhafen verkehrten. Da hatte die verstellbare Fahrbahnbrücke des Anlegers wegen des sehr niedrigen Wasserstandes der Elbe eine recht beachtliche Steigung. Ein Hanomag R 45 mit zwei schweren Schaustellerwagen kämpfte sich langsam, aber lautstark von der Fähre zur Straße empor. Das ging nur im kleinen Gang und mit Vollgas. Damals gab es für Trecker-Fans ja immer was zu sehen.

Hanomag R 55 ATK des Circus Krone unterwegs 1960

HANOMAG
HANOMAG
KRONE
KRONE
M CK 214

# Hanomag ST 100

Das von Hanomag ab 1936 als SS 100 gebaute Fahrzeug war eine leistungsstarke Straßen-Zugmaschine für schwerste Lasten. Ab 1945 wurde der Schlepper als ST 100 ausgeliefert. Der ST 100 wurde von einem Sechszylinder-Dieselmotor vom Typ D 85 mit einem Hubraum von 8,5 l angetrieben. Der Motor hatte eine Leistung von 100 PS / 73,6 kW. Mit einem Gewicht von 6,54 t gehörte dieses Fahrzeug zu den schweren Straßen-Zugmaschinen, geeignet auch für schwerste Zugarbeiten.

Hanomag ST 100 des Circus Krone unterwegs 1960

HANOMAG
HANOMAG
KRONE
KRONE
M CK 605

# Hanomag R 40 C

Ab 1942 entstand in der R-40-Reihe der R 40 C. Dieser Schlepper war mit dem Vierzylinder-Viertakt-Dieselmotor D 52 ausgestattet. Bei einer Drehzahl von 1200 U/min und einem Hubraum von 5,3 l leistete der Motor 40 PS / 29,3 kW. Sie brachten das Fahrzeug mit fünf Vorwärts-Gängen und einem Rückwärts-Gang bei einem Gewicht von 3,3 t auf eine Höchstgeschwindigkeit von 25 km/h. Mit einer Zugkraft von 22 t war die Leistung des Schleppers beachtlich. Bis 1951 wurden in der R-40-Reihe 12.000 Einheiten des Schleppers gebaut. Damit gehört der Schlepper zu den erfolgreichsten der Firma Hanomag. 1949 konnte man den Traktor mit elektrischem Anlasser für 13.250 DM erwerben.

Hanomag R 40 des Circus Barum unterwegs 1975

HANOMAG
HANOMAG
EIN CB1410
GERD SIEMONEIT
31
Circus Borum
GERD SIEMONEIT
25
Circus Borum
K.-H. Brüggmann
III. 2005

# Hanomag R 45 C

Der Nachfolger des R 40, gebaut ab 1950, war mit einem 45 PS / 32,9 kW starken Vierzylinder-Reihendieselmotor des Typs D 57 ausgestattet. Der Motor erreichte die Leistung bei einer Drehzahl von 1200 U/min und einem Hubraum von 5,7 l. Mit fünf Vorwärts-Gängen und einem Rückwärts-Gang erreichte das Fahrzeug eine Höchstgeschwindigkeit von 25 km/h. Seine maximale Zugkraft betrug 3435 kg. Ein Großteil der Produktion ging als Export in die ganze Welt. Eine herausragende Leistung erreichte der Schlepper durch sein hohes Eigengewicht und eine günstige Gewichtsverteilung.

Hanomag R 45 des Circus Mai 1970

CIRCUS
HANOMAG
MÜ KM 105
Circus Mai

# Hanomag SR 35 / 45

Mit der Bauzeit von 1936 bis 1942 gehört dieser Schlepper zu den ältesten Fahrzeugen im Fuhrpark des Circus Roncalli. Der Vierzylinder-Viertakt-Dieselmotor vom Typ D 52 leistet 38 PS / 27,8 kW bei 1100 U/min bzw. 45 PS / 32,9 kW bei 1300 U/min. Der Hubraum des Dieselmotors beträgt 5,2 l. Mit drei Vorwärts-Gängen und einem Rückwärts-Gang erreicht der 3,8 t schwere Schlepper eine Höchstgeschwindigkeit von 16 bzw. 22 km/h. Auf Wunsch wurde er mit einer 3,5 t bewältigenden Seilwinde ausgerüstet.

Hanomag SR 35 / 45 des Circus Roncalli 1998

HANOMAG
DIESEL
RONCALLI
K ER 4530
RONCALLI
LI

# Deutz D 15

Ab 1959 wollte die Firma Deutz den Kleinschlepper-Markt mit dem 14 PS / 10,25 kW starken D 15 neu beleben. Der Schlepper war mit einem neu konstruierten EinzylinderViertakt-Dieselmotor vom Typ F 1 L 712 ausgestattet. Die Leistung erreichte der Motor bei einer Drehzahl von 2400 U/min und einem Hubraum von 0,85 l. Mit sechs Vorwärts-Gängen und zwei Rückwärts-Gängen erreichte der 1,0 t schwere Schlepper eine Höchstgeschwindigkeit von 20 km/h. Hier handelte es sich um einen sehr leistungsfähigen Kleinschlepper. 1959 betrug der Kaufpreis 5450 DM.

Deutz D 15 im Gemüsebau 1983

DEUTZ
IZ
PS 985

# IFA Famulus 36

Diese Neukonstruktion der Schlepperwerke Nordhausen von 1964 war mit einem Zweizylinder-Dieselmotor vom Typ 2 KVD 14,5/12 SRW 36 ausgerüstet, der mit einem Hubraum von 3,3 l und einer Höchstdrehzahl von 1600 U/min eine Leistung von 36 PS / 26,4 kW erreichte. Das Getriebe mit acht Vorwärts-Gängen und einem Rückwärts-Gang in zwei Gruppen war für eine Höchstgeschwindigkeit von 28 km/h ausgelegt. Der Inhalt des Dieseltanks betrug 45 l. Da kurzfristig immer höhere Leistungen gefordert wurden, brauchte man bald einen stärkeren Traktor.

Famulus 36 mit Heufuhre 1965

Famulus 36
LL 00-92

# Eicher Mammut 2

Nachdem die Zahnradfabrik Friedrichshafen eine neue Allrad-Vorderachse vom Typ GLA 2550 zur Serienreife brachte, konnte ab 1963 die Firma Eicher den leistungsstarken, allradgetriebenen Mammut 2 EA 600 auf den Markt bringen. Der Vierzylinder-Reihenmotor vom Typ EDK 4 leistete bei einer Drehzahl von 2000 U/min 60 PS / 43,9 kW. Die Maschine hatte einen Hubraum von 3,9 l. Mit acht Vorwärts- und vier Rückwärts-Gängen erreichte der 3 t schwere Schlepper 19,1 km/h. Ausgerüstet mit einem schnellen Getriebe, lag seine Höchstgeschwindigkeit bei 27,1 km/h. 1963 gehörte er zu den stärksten Traktoren, die in Deutschland angeboten wurden.

Eicher Mammut 2
beim Holztransport 1965

Eicher
GAP AT 102
K.-H. Brüggmann
VI 2007

# Hanomag Robust 800

Der ab 1964 gebaute Schlepper war mit seinen 75 PS / 54,9 kW ein wahres Kraftpaket. Der Vierzylinder-Dieselmotor vom Typ D 941 R entwickelte die Kraft mit einem Hubraum von 6,8 l und einer Höchstdrehzahl von 1500 U/min. Der Motor kam aus dem Bauraupen-Programm der Firma. Mit zehn Vorwärts- und zwei Rückwärts-Gängen brachte es der Robust 800 auf eine Höchstgeschwindigkeit von 30 km/h. Sein Eigengewicht betrug 3,4 t, das zulässige Gesamtgewicht 4,8 t. Die Zugkraft des Schleppers wurde mit 3800 kg im 1. Gang gemessen. Die Hubkraft des hydraulischen Krafthebers am Heck erreichte 2200 kg. Heute ist er bei Sammlern ein „Sahnestück“.

Hanomag Robust 800 mit
Hanomag-Bagger 550
CLC 1974

HANOMAG
HI-KN 501
HANOMAG
OMAG

# Schlüter Super 650 V

Der ab 1966 gebaute Schlüter-Schlepper war der Kleinste unter den Großen mit einem Sechszylinder-Motor. Mit dem 5,89-l-Dieselmotor SD M 100 W 6 ausgestattet, brachte es der Traktor auf eine Leistung von 65 PS / 47,6 kW. Er besaß Allradantrieb und mit acht Vorwärts- und vier Rückwärts-Gängen erreichte das Fahrzeug eine Höchstgeschwindigkeit von 28 km/h. Der Schlepper gehörte damals zu den leistungsstarken Großtraktoren und konnte auch schwerste Arbeiten bewältigen. Mit dem Super 650 V begann die Ära der legendären, bärenstarken Hochleistungstraktoren aus Bayern.

*Mein persönliches Erlebnis*

## Traktor-Power

1968 war ich mit der Schulklasse in Ostholstein unterwegs. Bei einer Wanderung zu einem landwirtschaftlichen Gut kamen wir an einem großflächigen Getreidefeld vorbei. Hier sah ich zum ersten Mal einen Schlüter-Traktor in Aktion. Der Schlüter Super 650 V zog einen Claas-Zapfwellenmähdrescher vom Typ Super 500. Es fiel mir besonders auf, dass der Schlepper trotz des ansteigenden Geländes diese Arbeit mit seiner 65-PS-Maschine anscheinend spielend bewältigte. Der Sechszylinder-Dieselmotor entwickelte auch nicht mehr den typischen Klang eines Traktors. Er vermittelte eher das Geräusch eines größeren Lastkraftwagens, was die eindrucksvolle Szenerie natürlich nicht schmälerte. Man spürte förmlich die Kraft, die in dem Schlepper steckte. Dieser Eindruck wurde noch von dem Geruch der Abgasfahne verstärkt. Lautstark arbeitend zog dann der über die Zapfwelle des Traktors angetriebene Mähdrescher vorbei, der im hinteren Bereich in eine mitziehende Staubwolke gehüllt war. Leider konnte ich nicht am Feldrand stehen bleiben und so sah ich mich immer wieder um und konnte so möglichst viele Eindrücke sammeln. Als das Gespann meinem Blickfeld entschwunden war, konnte ich noch lange die Arbeitsgeräusche vernehmen, die durch Büsche und Hecken waberten.
Nun stellt sich die Frage, was soll der Sack am Kornauslaufrohr, wie er auf meinem Bild vom Schlüter Super 650 V zu sehen ist. So habe ich zapfwellengetriebene und selbst fahrende Mähdrescher erlebt. Meistens am Ende des Entlade-Vorgangs kommen nur noch wenige Getreidekörner aus dem Auslaufrohr und die springen oft in die Richtung des Mähdreschers. Um einen Verlust zu vermeiden, hat man einen Sack am Auslauf befestigt, der die Körner in den parallel fahrenden Anhänger leitet.

Schlüter Super 650 V mit Claas-Zapfwellenmähdrescher Super 500 1968

CLAAS
Schlüter
SUPER
ACHTUNG

# IHC 624 (Allrad)

Ab 1967 brachte die US-Firma in Neuss den Traktor aus der CM-Reihe mit Allradantrieb auf den Markt. Der Vierzylinder-Reihen-Dieselmotor vom Typ D 206 hatte eine Leistung von 58 PS / 42,7 kW. Die Maschine besaß einen Hubraum von 3,38 l und arbeitete mit einer Höchstdrehzahl von 2180 U/min. Mit acht Vorwärts- und vier Rückwärts-Gängen erreichte der Schlepper mit seinen 3 t Gewicht eine Höchstgeschwindigkeit von 30 km/h. Als robust und leistungsstark bekannt, erreichte die CM-Reihe mit 24.650 verkauften Exemplaren den 2. Platz beim Schlepper-Verkauf des Herstellers.

*Mein persönliches Erlebnis*

## Mein Flaggschiff

Von 1990 bis 1996 war ein IHC 423 auf dem Hof meines Partners mein Lieblingstraktor. In einem sehr guten Zustand kostete der Schlepper mit dem Baujahr 1970 damals 9000,- DM. Er besaß einen Überrollbügel und bekam ein Jahr später ein festes Fitzmeyer-Verdeck mit klappbarer Frontscheibe und zu öffnenden Seitenfenstern. Der IHC 423 mit 40 PS / 29,3 kW war für mich die sprichwörtliche Robustheit und Leistungsfähigkeit in Traktorenform. Oft musste er Arbeiten verrichten, die ihn an die Grenze seiner Leistung brachten. So mit einer Howard-Bodenfräse, die eine Arbeitsbreite von 1,80 m hatte. Eigentlich ist es nichts Besonderes, aber man muss bedenken, dass es sich bei dem Acker um schweren Marschboden handelte.
Der 40-PS-Dreizylinder-Reihenmotor vom Typ DD-155 arbeitete mit einer Höchstdrehzahl von 1900 U/min. Der Hubraum des Motors erreichte 2,54 Liter. Ausgestattet mit einem Leichtschaltgetriebe und einer Zweifachkupplung, sowie acht Vorwärts- und zwei Rückwärts-Gängen, schaffte der Schlepper mit seinem Eigengewicht von 2,02 t die beachtliche Höchstgeschwindigkeit von 32 km/h. Es machte richtig Spaß, mit dem 423 längere Strecken zu fahren.
Obwohl schon 20 Jahre alt, fand ich seine Spurtreue doch bemerkenswert. Auf gerader Fahrbahnstrecke brauchte man nur die Hand auf das Lenkrad legen. Ich sagte damals, dass er seinen Weg schon alleine findet.
Ein besonderer Ohrenschmaus war der Klang des Motors, vor allem im unteren Drehzahlbereich. Ich nannte es die typische IHC-Melodie. Damit war ein Dreizylinder-IHC aus verschiedenen Traktoren herauszuhören. Man muss ihn einfach selbst erlebt haben.
Bis auf die Kupplungsscheibe gab es während der Jahre keine Reparaturen.

IHC 624 bei der Getreideernte 1970

INTERNATIONAL
OH·KK 23
K.H. Brüggemann
IX-2003

# Fendt Farmer 2

Der Schlepper, für die damaligen Anforderungen entwickelt, wurde ab 1960 angeboten. Der 34 PS / 25 kW leistende Dreizylinder-Dieselmotor mit einem Hubraum von 2 l erreichte eine Drehzahl von 2600 U/min. Ausgestattet mit acht Vorwärts- und 4 Rückwärts-Gängen, konnte der Schlepper mit seinen 1,8 t Gewicht eine Höchstgeschwindigkeit von 29 km/h erreichen. Der Kraftstoffvorrat betrug 40 l Diesel. Durch die neue Form der Motorhaube bekam er ein eleganteres Aussehen und gehörte so mit zu der Serie einer modernen Schlepper-Generation. Als ich in den neunziger Jahren den schon 30 Jahre alten Traktor gefahren habe, hatte er noch nichts von seiner Leistungsfähigkeit eingebüßt.

Fendt Farmer 2 beim Viehtransport 1972

FENDT
Farmer 2
KLE
D 122
K.-H. Brüggmann
XII 2007

# IFA ZT 300

Ab 1977 wurde in dem VEB-IFA-Traktoren-Werk / Schönebeck der Großtraktor ZT 300 gebaut. Der Vierzylinder-Dieselmotor 4 VD 14,5/12-1 SRW (MAN-System) mit einem Hubraum von 6,6 l und einer Höchstdrehzahl von 1850 U/min leistete 90 PS / 68 kW. Der Schlepper war mit einer Doppelkupplung und einem Wechselgetriebe ausgestattet. Mit neun Vorwärts- und sechs Rückwärts-Gängen erreichte er eine angegebene Höchstgeschwindigkeit von 28,2 km/h. Die tatsächliche Höchstgeschwindigkeit soll 40 km/h betragen haben. Mit einem Eigengewicht von 4,8 t hatte der Schlepper einen Dieseltank mit einem Inhalt von 130 l. Die Breite des Fahrzeuges betrug 2,2 m.

ZT 300 beim Pflügen 1978 |

zt300
HF75-03

# IFA ZT 303

Dieser Schlepper war wie auch später der ZT 300 mit einem in den Zylinderbuchsen aufgebohrten Vierzylinder-Motor vom Typ 4 VD 14,5/12-1 SRW ausgerüstet, der eine Leistung von 100 PS / 72,5 kW erreichte. Mit Allradantrieb war der Traktor sonst baugleich mit dem 300er. Durch die angetriebene Vorderachse erhöhte sich das Eigengewicht auf 5,3 t. Mit dem baugleichen Getriebe und einer angegebenen Höchstgeschwindigkeit von 28,2 km/h soll seine tatsächliche Höchstgeschwindigkeit bei 35 km/h gelegen haben. Unter 30 km/h konnte der Traktor noch mit der Führerschein-Klasse 3 gefahren werden. Die ZT-Reihe waren damals die Standard-Traktoren in der DDR.

ZT 303 mit Düngerstreuer
1980

FORTSCHRITT ZT303
HV 89-93
FORTSCHRITT
2

# IFA ZT 305 A

Eine Sonderbauart aus der ZT-Reihe war der 305. Der 100 PS / 72,5 kW starke Allrad-Schlepper hatte Doppelbereifung an den Hinterrädern für eine höhere Kippsicherheit in Hanglagen. Er war mit einer verstärkten Doppel-Gelenkwelle und mit verstärkten Hinterachsrichtern ausgerüstet. Hierdurch erhöhte sich sein Eigengewicht auf 6,5 t. Der 305er war mit einer Überbreitenkennzeichnung an den hinteren Kotflügeln und entsprechender Beleuchtung ausgestattet. Durch die Doppelbereifung hatte er eine Breite von 3,26 m. Sonst war er baugleich mit dem 303.

ZT 305 A mit Dickgülle-Tankwagen 1984

HV 99-07

# Mercedes-Benztrac 1500

Ab 1976 wurde der damals stärkste Schlepper aus der MB-trac-Reihe in Rahmenbauweise gebaut. Die erste Serie besaß noch die abgeschrägte Front. Der Sechszylinder-Dieselmotor vom Typ OM 352 A/353.976 hat einen Hubraum von 5,7 l und leistet 150 PS / 110 kW. Die Höchstdrehzahl beträgt 2400 U/min. Das Wendegetriebe ist mit zwölf Vorwärts- und zwölf Rückwärts-Gängen ausgestattet. Bei einem zulässigen Gesamtgewicht von 10,0 t erreicht er eine Höchstgeschwindigkeit von 40 km/h. Der Schlepper kann einen Kraftstoff-Vorrat von 240 l mitführen. Mit dem Heckkraftheber wird eine Hubkraft von 6,5 t erreicht. Die Fahrerkabine ist seitlich kippbar. Mit einem Frontkraftheber und der hinteren Ladefläche besitzt der trac-Schlepper drei Anbauräume. Der 1500er wurde bis 1987 gebaut.

MB trac 1500 mit Mengele-Ladewagen in Dithmarschen 1982

MB trac 1500
HEI DA 807
K.-H. Brüggmann
VIII. 2006

# Schlüter Profi-Trac 5000 TVL

Ein einsamer Gigant war der größte von der Firma Schlüter gebaute Schlepper. Ausgestattet mit einem MAN D 2542 MTE 12 Zylinder turbogeladenen V-Dieselmotor bringt es der Trac-Schlepper auf eine Leistung von 500 PS / 388 kW. Der Motor hat einen Hubraum von 20,9 l. Mit einem Eigengewicht von 18 t und einem zulässigen Gesamtgewicht von 22 t erreichte der Superschlepper eine Höchstgeschwindigkeit von 30 km/h. Seine Größe war damals schon beeindruckend. Die Länge des Fahrzeuges betrug 6,45 m. Mit der Zwillingsbereifung erreichte er eine Breite von 4 m. Sein Wendekreis beträgt 12 m. Der Heckkraftheber besaß eine Hubkraft von 7,3 t. Für die Brennstoffversorgung war der Fünftausender mit einem 920 l fassenden Dieseltank ausgerüstet. Dieses Kraftpaket blieb ein Einzelstück und kann heute noch auf Schlepper-Veranstaltungen bewundert werden.

Schlüter Profi-Trac 5000 TVL mit 12-Schar-Pflug 1989

Schlüter
high speed
schlüter

# Deutz-Fahr Agrostar DX 6.11

Der Produktions-Zeitraum dieses leistungsstarken Schleppers reichte von 1990 bis 1993. Mit dem Sechszylinder-Turbodieselmotor vom Typ F6L 912F wird eine Leistung von 100 PS / 74 kW erreicht. Der Hubraum des luftgekühlten Motors beträgt 6,1 l und er arbeitet mit einer Höchstdrehzahl von 2300 U/min. Das Getriebe ist mit 18 Vorwärts- und sechs Rückwärts-Gängen ausgerüstet und für eine Höchstgeschwindigkeit von 40 km/h ausgelegt. Der DX 6.11 hat ein zulässiges Gesamtgewicht von 7,5 t und kann 170 l Kraftstoff mitführen. Sein Wendekreis beträgt 11,2 m. Mit seiner Ausstattung gehört er schon zu den Hightech-Schleppern.

Deutz-Fahr Agrostar DX 6.11 mit Saatkombination im Dämmerlicht 1994

STAR
DEUTZ-FAHR
SL KC 781

# John Deere 7700

Von 1992 bis 1997 wurde der 7700er von der Firma John Deere in Mannheim gefertigt. Der Großtraktor in Rahmenbauweise ist mit einem turbogeladenen Sechszylinder-Dieselmotor ausgestattet. Mit einem Hubraum von 7,63 l und einer Höchstdrehzahl von 2100 U/min erreicht der Motor eine Leistung von 150 PS / 110 kW. Das Power-Quad-Getriebe besitzt wahlweise 20 Vorwärts- / 12 Rückwärts-Gänge oder 19 Vorwärts- / sieben Rückwärts-Gänge. Der Schlepper mit einem Eigengewicht von 6,5 t erreicht eine Höchstgeschwindigkeit von 40 km/h. Zu seiner Ausstattung gehören eine Luftdruck-Bremse und eine Klimaanlage.

John Deere 7700 mit
Scheibenegge 2007
bei mir „vor der Haustür"

RD.
RN 503
7700
K.-H. Brüggmann
V. 2007

# Das unvollendete Bild

## Eicher Wotan II (Das unfertige Aquarell)

Mit dieser noch nicht abgeschlossenen Arbeit möchte ich einmal zeigen, wie ein Traktor im „Rohbau“ aussieht.
Der Herstellungszeitraum des Wotan II reicht von 1968 bis 1976. Der Sechszylinder-Motor vom Typ EDK 6 hatte eine Leistung von 95 PS / 69,9 kW, bei einer Höchstdrehzahl von 2000 U/min und einem Hubraum von 5,9 l. Ausgestattet mit 16 Vorwärts-und sieben Rückwärts-Gängen erreichte der 4,2 t schwere Schlepper eine Höchstgeschwindigkeit von 28,5 km/h. Er gehörte damals zu den modernsten und leistungsstärksten Großtraktoren seiner Zeit.

Eicher Wotan II beim Pflügen 1970

Mercedes-Benz Typ OE Bj. 1928
26 PS, Gew. 2,6 t

Lanz

IHC

# Die Traktoren

## Zeichnungen

# Deutz-Automobilpflug

Er war der erste Schlepper, den die Firma Deutz 1907 herstellte. Mit einem Vierzylinder-Vergasermotor, der eine Leistung von 25 PS / 18,3 kW hatte, war das Fahrzeug mit dem Gewicht von 3,0 t untermotorisiert. Das verhinderte eine Serienproduktion. Der Antrieb erfolgte vom querliegenden Motor über eine Kette auf die Antriebsräder.

Deutz-Automobilpflug
von 1907

Deutz „Automobilpflug" Bj.: 1907
4 Zyl., 4 Takt Vergasermot., 25 PS,
Gew.: 3,0 t

Karl-Heinz Brüggmann
'98

# Holt Caterpillar, USA

Da als Dampfschlepper zu schwer, erhielt 1907 der erste Holt Raupenschlepper einen Vierzylinder-Vergasermotor mit einer Leistung von 40 PS / 29,3 kW. Aus dem Namen „Caterpillar“ für diese Maschine wurde dann der bekannte Firmenname. Interessant waren die freiliegenden Getriebezahnräder und das mittig angeordnete Vorderrad, das der Lenkung diente.

Holt Caterpillar
von 1907

Holt USA „Caterpilla" 1907
4 Zyl. Vergasermot. 40 PS

# MAN Motortragpflug

Dieser Motortragpflug von 1921 gehörte mit seinen 1,97 t Gewicht noch zu den Kleinen seiner Art. Der Vierzylinder-Vergasermotor hatte eine Leistung von 20/30 PS / 14,6/22 kW. Durch die Anbaumöglichkeit von Geräten im Pflugrahmen, war er universell einsetzbar. Man beachte das senkrecht stehende Lenkrad.

MAN-Motortragpflug
von 1921

MAN Motortragpflug Bj.: 1921
4 Zyl., 4 Takt Vergasermot. 20/30 PS Gew.: 1,97 t

# Bubba UTB 3, Italien

Der kleine Traktor wurde 1925 in Lizenz der Firma Lanz gebaut. Der Einzylinder-Glühkopfmotor mit Verdampferkühlung leistete 20 PS / 16,1 kW. Sein Gewicht betrug 2,1 t. Gestartet wurde der Motor wie bei einem Lanz-Bulldog mit dem Lenkrad an der Schwungradnabe. Er lief auf gusseisernen Rädern.

Bubba UTB 3
von 1925

Bubba Ital., Bj. 1925
1 Zylinder 2 Takt Glühkopfmot., 20 PS,
Gew.: 2,1 t

Karl-Heinz Brüggmann
'97

# Mercedes-Benz Typ OE

1928 stellte Mercedes-Benz den ersten Traktor OE der Öffentlichkeit vor. Ein liegender Einzylinder-Viertakt-Dieselmotor leistete 26 PS / 19 kW. Mit einer gefederten Vorderachse brachte es der Schlepper auf ein Gewicht von 2,6 t. Man konnte den OE auch mit Petroleum-Beleuchtung bekommen.

Mercedes-Benz OE
von 1928

Mercedes-Benz, Typ OE, Bj.: 1928
1 Zyl. 4 Takt Diesel 26 PS, Gew. 2,6 t

# Stock-Raupenstock

Die Firma Stock brachte diesen Raupenschlepper 1928 heraus. Auffällig ist das Fahrwerk mit den unterschiedlichen Radgrößen. Es besaß im Vergleich zu andern Raupen-Schleppern weniger Verschleißteile am Fahrwerk. Der Zweizylinder-Vergasermotor leistete 28 PS / 20,5 kW. Das Gewicht des Fahrzeuges betrug 2,35 t. Die Seiltrommel gab es als Zusatzgerät.

Stock-Raupenstock
von 1928

Stock, Raupenstock, Bj 1928
2 Zyl., 4 Takt Vergasermot, 28 PS
Gew.: 2,35 t

# HELA Samson

Ab 1929 wurde der Samson-Grasmäher von Hermann Lanz in Aulendorf gebaut. Erst mit einem Ilo-Vergaser-Motor ausgestattet, bekam er später einen Deutz-Einzylinder-Dieselmotor mit einer Leistung von 11 PS / 8,1 kW, der noch mit einer Verdampfungskühlung arbeitete. Bei dieser Zeichnung handelt es sich um ein restauriertes Fahrzeug.

HELA Samson
von 1929

z Aulendorf, Grasmäher Samson
1 Zylinder 2 Takt Diesel, 15 PS

# Lanz-Kühlerbulldog HR 5

Der HR 5, gebaut ab 1929 bis 1935, war ein Großbulldog für Großbetriebe und Güter. Sein Einzylinder-Glühkopfmotor leistete 30 PS / 22 kW. Als Ackerbulldog mit Eisenrädern erreichte er eine Höchstgeschwindigkeit von 7,5 km/h. Der Schlepper konnte auch mit einem Benzinstarter geliefert werden, so konnte man das längere Vorglühen sparen.

Lanz HR 5
von 1929

.anz „Bulldog" HR5 Bj.: 1929
Zyl., 2 Takt, Glühkopfmot. 30 PS

# Hanomag RD 36

Der Herstellungszeitraum des Schleppers lag zwischen 1931 und 1936. Der Vierzylinder-Motor brachte es auf eine Leistung von 36 PS / 26,4 kW. Die Höchstgeschwindigkeit bei einem Gewicht von 2,8 t betrug 18 km/h. Vom Acker- bis zum Straßenschlepper gab es ihn in zahlreichen Ausführungen. Das Bild zeigt einen RD 36 im Zustand von 1978.

Hanomag RD 36
von 1932

Karl-Heinz Brüggmann
94

Hanomag 'RD 36' Bj.: 1932
4 Zyl., 4 Takt Diesel, 36 PS Gew. 2,75 t

# Allis Chalmers WC, USA

Der Traktoren-Typ WC in Dreiradausführung wurde ab 1933 von Allis Chalmers hergestellt. Der Vierzylinder-Vergasermotor erreichte eine Leistung von 24 PS / 17,6 kW. Interessant ist das seitlich versetzte Lenkrad. Die Ackerräder mit den Spatengreifern hatten einen eisernen Schutzring, um die Fahrwege zu schonen.

Allis Chalmers WC
von 1933

'llis Chalmers, GB, Bj. 1933
Zyl. 4Takt Vergasermot., 24 PS

Karl-Heinz Brüggmann
'98

# HSCS Le Robuste, Ungarn

Dieser Raupenschlepper wurde 1935 von der Firma Hofherr-Schrantz-Clayton-Shuttleworth in Ungarn mit Lizenz von Heinrich Lanz gebaut. Mit dem Einzylinder-Glühkopfmotor brachte es der Schlepper auf 40 PS / 29,3 kW. Er wog über 5 t. Das Lenkrad diente nur dazu, den Motor zu starten. Gelenkt wurde mit Handhebeln.

HSCS Le Robuste
von 1935

Schrantz-Clayton-Shuttleworth
2 Takt Glühkopfmot, 40 PS, Bj: 1935

Karl-Heinz Brüggmann

# Lanz HRK D 1560

Der Raupenschlepper mit einem Einzylinder-Glühkopfmotor wurde ab 1937 gebaut. Die 10,3-l-Maschine hatte eine Leistung von 55 PS / 40,3 kW. Das hohe Gewicht von 5,3 t und das Raupenfahrwerk verliehen dem Schlepper eine enorme Zugkraft. Auch hier diente das mitgeführte Lenkrad nur dem Anlassen des Motors. Er war einer der leistungsstärksten Schlepper.

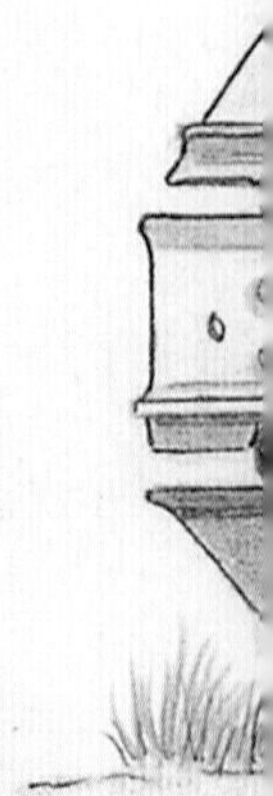

Lanz HRK D 1560
von 1937

Lanz HRK 55 PS, 10,3 l, 1 Zyl. Glükopfmot.
Bj. 1937, 5,3t

# Ritscher-MTW-Dreiradschlepper N 14

Ab 1938 entstand der N 14 in Hamburg-Moorburg. Ein Einzylinder-Kämper-Dieselmotor erreichte bei einem Hubraum von 1,2 l 14 PS / 10,2 kW. Der Schlepper war besonders für Hackfruchtarbeiten geeignet, da der Reihenabstand einstellbar war. Das Fahrzeug hatte ein Gewicht von 1,14 t und erreichte 12 km/h. Durch das einzelne Vorderrad wurden viele Verschleißteile eingespart.

Ritscher N 14 im restaurierten Zustand

Ritscher Dreirad N14 Bj. 1941
Zyl., 4 Takt, Diesel, 12 PS Gew.: 1,14 t

# O&K (MBA) 30 mit Anbauraupe

1941 wurde der Schlepper von der aus den bekannten, unmenschlichen Gründen in MBA umbenannte Firma O&K hergestellt. Der Zweizylinder-Dieselmotor verlieh dem 2,4 t schweren Fahrzeug eine Leistung von 30 PS / 22 kW. Als Radschlepper gebaut, konnte er mit dieser Anbauraupe umgerüstet werden. Die Vorderräder sind breitere Moorräder, was dem Schlepper einen geringen Bodendruck verlieh.

O&K (MBA) 30
von 1941

&K, MBA 30, Bj.: 1941,
Zylinder 4Takt Diesel; 30PS, Gew.: 2,34t

Karl-Heinz Brüggmann
'98

# Nordtrak Diesel-Stier

1949 verwendete die Firma Nordtrak US-Jeep-Teile für ihre ersten Schlepper. Daraus entstand der Gerwi-Stier, später der Diesel-Stier. Noch 1947 mit einem Vergaser-Motor ausgerüstet, erhielt er dann einen Einzylinder-Dieselmotor der eine Leistung von 15 PS / 11 kW erreichte. Der Allrad-Schlepper wog 1,1 t. Das Getriebe, die Achsen mit Rädern und die Lenkung wurden direkt vom Jeep übernommen.

Nordtrak Diesel-Stier
von 1949

ordtrak, Diesel Stier, Bj 1949
Zyl., 4 Takt Dieselmot., 15 PS
w.: 1,1 t

# IHC Mc Cormick Deering F12 G

1937 mit einem Vergaser-Motor von 15 PS / 11 kW gebaut, konnte der Schlepper später mit einem Dieselmotor von 20 PS / 14,6 kW umgebaut werden. Der F12 hatte ein Gewicht von 1,6 t. Mit diesem Schlepper wollte IHC den deutschen Markt erobern, was sich aber durch den Vergaser-Motor als sehr schwer herausstellte, da er zu der Zeit der einzige Schlepper mit einem derartigen Motor in Deutschland war.

IHC Mc Cormick Deering
F12 G von 1937

„Mc Cormick Deering" Bj. 1949
4 Takt, Diesel, 20 PS, Gew. 1,83t

# Kramer K 22

Ab 1950 wurde der 1,7 t schwere Schlepper gebaut. Ausgerüstet mit dem 1,6-l-Einzylinder-Güldner-Motor GW 20 erreichte er eine Leistung von 22 PS / 16,1 kW. Das Eigengewicht betrug 1,7 t. Der Schlepper wurde auch als „Jubiläums-Kramer“ bekannt. Er war das erste Fahrzeug mit der neuen, abgerundeten Motorhaube und den neben dem Kühlergrill liegenden Scheinwerfern.

Kramer K 22
von 1950

Krämer
K22 Bj 1950
ht Diesel 22 PS
Karl-Heinz Brüggmann
'98

# Fahr D 400

1954 stellte Fahr den 45 PS / 32,9 kW starken Schlepper vor. Der Vierzylinder-Dieselmotor vom Typ Deutz F 3 L 514 hatte einen Hubraum von 4 l. Er gehörte mit seinen 2,8 t in die schwere Klasse, von der aber bis 1958 nur kleine Stückzahlen produziert wurden. Er erreichte eine Höchstgeschwindigkeit von 20,8 km/h, mit Schnellganggetriebe 29,5 km/h.

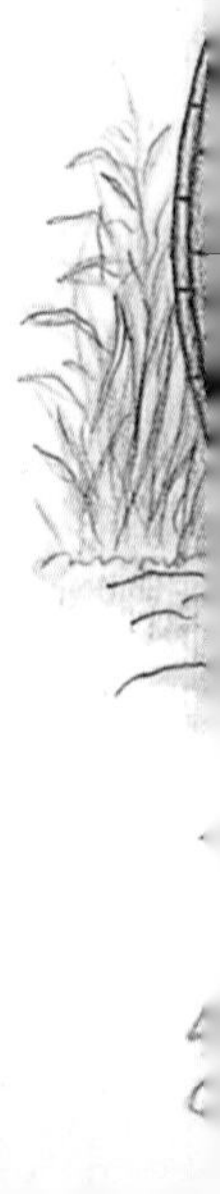

Fahr D 400
von 1960

. D400 , Bj. 1954
-Takt Diesel , 45 PS
t

# Index

# Der Autor:

Karl-Heinz Brüggmann, Jahrgang 1954, arbeitet in seinem Atelier-Hanerau in Hanerau-Hademarschen. Hier malt er seine Bilder, in denen er die Erlebnisse und Eindrücke, vorwiegend aus dem Technikbereich, verarbeitet. Seine Schwerpunkte legt er dabei auf Traktoren, Eisenbahn und die Schifffahrt.

Im Laufe seines bewegten Berufslebens hat er nicht nur viele Maschinen kennen gelernt. Eine Leidenschaft gehört auch dem Restaurieren von Traktoren und Landmaschinen, die zum Teil in seinem Eigentum waren. Der Einsatz der Fahrzeuge und die lebendige Darstellung großer Technik liegt ihm heute auch in seinen Gemälden und Zeichnungen am Herzen.

CLAAS